可再生高分子

萧聪明　编著

科学出版社

北　京

内 容 简 介

本书阐述了作者设计与研制可再生高分子的思考与体会，包括问题的提出、解决策略和得到的主要结果以及一些感想或经验。首先，说明效法自然、研发可再生高分子的可能和意义。其次，简述聚合物的结构-性能关系及其调控方法。然后，理清可再生高分子的含义和构建策略与原则，介绍纤维素、淀粉、壳聚糖和海藻酸钠等天然多糖高分子的结构和性能特点，叙述作者依据结构-性能关系对天然多糖高分子所开展的研发。随后，阐述含短或单序列乳酸酯聚合物的研制途径，简要说明二氧化碳基聚合物的研发状况，介绍研发含长二氧化碳单元系列聚合物的设想和实践。最后，做简单的回顾与前瞻，给出若干建议，以再度引起人们对可再生高分子的探究兴趣，获得高效、长足的进展。

本书可供从事功能高分子、环境友好高分子或医用高分子研发和应用的工作者参考，也可用作高分子专业本科生或研究生相关专业课程的教材或参考书。

图书在版编目(CIP)数据

可再生高分子/萧聪明编著. —北京：科学出版社，2023.1
ISBN 978-7-03-074589-7

Ⅰ. ①可… Ⅱ. ①萧… Ⅲ. ①高聚物 Ⅳ. ①O63

中国版本图书馆 CIP 数据核字(2022)第 256305 号

责任编辑：霍志国/责任校对：杜子昂
责任印制：吴兆东/封面设计：东方人华

科学出版社出版
北京东黄城根北街 16 号
邮政编码：100717
http://www.sciencep.com
北京中石油彩色印刷有限责任公司印刷
科学出版社发行 各地新华书店经销
*
2023 年 1 月第 一 版 开本：720×1000 1/16
2025 年 1 月第三次印刷 印张：9 1/2
字数：189 000

定价：98.00 元

(如有印装质量问题，我社负责调换)

前　言

从衣食住行、康复修饰乃至上天入海，人们都要用到合成高分子材料。然而，它们大都功成身不退、遭遗弃之后仍然不朽，在发挥功效之后成为越积越多的废物，不能及时地成为可以再循环的资源。于是，既有一定性能或者特定功能，又能够适时消退的可降解高分子材料，能够造福人类且对环境无害，受到了人们的关注与青睐。另外，大多数合成高分子得自难于再生的石油，在资源快速消耗的今天，研发具有优良性能或特性的可再生高分子，有利于高分子材料在各个领域得以可持续地应用。

作者以为，效法自然的生生不息是研发可再生高分子的可行途径，自 2001 年以来，一直致力于这方面的探索。天然多糖高分子“质本洁来还洁去”，可再生、来源丰富，适当地加以改性，可赋予其适合某种场合的功能。乳酸和二氧化碳则是两种可再生的单体，由它们制备的聚合物可再生，也可降解为无毒无害的化合物，是研发可再生高分子的理想原料。此外，作者自 2000 年以来一直从事“高分子物理”课程的教学，积累了一定的体会，并尝试着将聚合物结构-性能的关系，用于天然多糖高分子的功能化，用于设计和研制具有某种预定结构的乳酸基、二氧化碳基聚合物。

作者将这些年的体会整理成册，提供给同行一些借鉴，旨在增进高分子、人和自然之间的相容。作者对可再生高分子的认识和探究，得益于相关书籍和文献，得益于追随者的投入做事。这些年心无旁骛地努力工作，离不开家人的支持。本书的付梓，得到了科学出版社的帮助。谨以本书表达由衷感谢！限于水平，书中的疏漏在所难免，请有心的阅者斧正，并致力于可再生高分子的研发。

萧聪明（肖聪明，Congming Xiao）

2022 年 8 月

目　录

前言
第1章　引言 ······ 1
1.1　人与自然的关系 ······ 1
1.2　人、自然以及高分子之间的关系 ······ 1
1.3　效法自然的可再生高分子 ······ 2
第2章　聚合物的结构-性能关系与调控 ······ 3
2.1　聚合物的结构特点 ······ 3
2.1.1　结构单元的可能组合 ······ 4
2.1.2　分子链的可能组合 ······ 5
2.2　聚合物的结构-性能关系 ······ 6
2.3　聚合物的构建与调控 ······ 8
第3章　可再生高分子的设计 ······ 10
3.1　可再生高分子的含义 ······ 10
3.2　聚合物的降解机理 ······ 12
3.3　可再生高分子的构建策略 ······ 13
3.3.1　物理途径 ······ 13
3.3.2　化学途径 ······ 16
3.3.3　构建策略的选择 ······ 21
第4章　纤维素基可再生高分子的构建 ······ 22
4.1　纤维素的结构和溶解性 ······ 22
4.2　羧甲基纤维素钠基可再生高分子的构建 ······ 24
4.2.1　CMC-Na/PVA 复合凝胶 ······ 24
4.2.2　CMC-Fe/PVA 复合微凝胶 ······ 27
4.3　甲基纤维素基可再生高分子的构建 ······ 30
4.3.1　MC/PVA 复合凝胶 ······ 30
4.3.2　MC/PVA 复合微凝胶 ······ 34
4.3.3　MC/PVA/SA 复合微凝胶 ······ 38
4.3.4　阴离子型羧化甲基纤维素 ······ 39

第 5 章　淀粉基可再生高分子的构建 ······ 43
5.1　淀粉的结构和性能特点 ······ 43
5.2　淀粉-接-聚乙烯醇水凝胶 ······ 43
5.3　淀粉-接-可控聚乙酸乙烯酯 ······ 44
5.4　饱和羧化淀粉 ······ 47
5.5　不饱和羧化淀粉 ······ 48
5.5.1　不饱和羧化淀粉作为聚阴离子 ······ 49
5.5.2　不饱和羧化淀粉作为大单体 ······ 57
第 6 章　壳聚糖基可再生高分子的构建 ······ 67
6.1　壳聚糖的结构和性能特点 ······ 67
6.2　可溶性壳聚糖 ······ 68
6.2.1　化学法制备水溶性壳聚糖 ······ 68
6.2.2　物理法制备水溶性壳聚糖 ······ 80
6.3　壳聚糖-接-PVA 水凝胶 ······ 85
第 7 章　海藻酸钠基可再生高分子的构建 ······ 87
7.1　海藻酸钠的结构和性能特点 ······ 87
7.2　海藻酸钠作为聚阴离子 ······ 88
7.3　海藻酸钠基酸敏水凝胶 ······ 90
7.3.1　SA-*g*-PVA 水凝胶 ······ 90
7.3.2　SA-*g*-可控 PVA 水凝胶 ······ 91
7.3.3　磁性 SA-*g*-PVA 水凝胶 ······ 92
7.3.4　多重响应性 SA-*g*-PVA 水凝胶 ······ 95
第 8 章　乳酸基可再生高分子的构建 ······ 97
8.1　乳酸及乳酸基高分子的特点 ······ 97
8.2　单序列乳酸酯基聚合物 ······ 97
8.2.1　单序列乳酸基饱和聚合物 ······ 97
8.2.2　单序列乳酸基不饱和聚合物 ······ 104
第 9 章　二氧化碳基可再生高分子的构建 ······ 110
9.1　二氧化碳基共聚物 ······ 110
9.1.1　与环氧化合物交替共聚 ······ 110
9.1.2　与二胺缩聚或加聚 ······ 111
9.1.3　与环状单体嵌段共聚 ······ 111
9.1.4　借助不饱和碳-碳键的反应 ······ 112

9.2 含长二氧化碳单元序列的聚合物……112
9.2.1 二氧化碳齐聚物……113
9.2.2 二氧化碳基共聚物……114
9.2.3 聚(4-齐聚二氧化碳-苯乙烯)……117
9.2.4 二氧化碳基凝胶……119
9.2.5 准聚二氧化碳……120
9.3 二氧化碳-多糖高分子的循环……120
第 10 章 回顾与前瞻……122
10.1 研发可再生高分子思路的形成……122
10.2 研发过程中的问题与对策……126
10.3 研发可再生高分子的相关术语辨析……127
10.3.1 基本概念……127
10.3.2 制备……128
10.3.3 性能/功能……128
10.4 前景与挑战……129
10.5 重复与循环……131
参考文献……132
附录 英文缩写及其中英文全称……140

第1章　引　　言

1.1　人与自然的关系

人与自然是什么关系？这个问题很多人回答过。产生较大影响的观点应该有两种：一是单向的，自然提供资源，人类享用自然；二是人与自然和谐共处，或者说是人类借助于自然、与自然融合为一体。实际情形是：要么这个问题被轻视了，要么因为自信或者索取无度，人们往往忽略了自然的力量。

不是吗？只有到了塑料袋漫天飞舞的时候，人们才意识到白色污染是不易消除的。不是吗？只有到了二氧化碳造成温室效应，人们才意识到大量使用能量会带来不良的后果。不是吗？只有到了水有色有味，人们才意识到清洁的水资源是多么的宝贵。

渐渐地，人们认识到人与自然和谐共存的重要性，并试图在向自然索取的同时，最低限度地损害自然。因为，丧失了再生能力的自然，能提供的资源必将是有限的。

在一个相当长的时间范围内，我们可以认为太阳是永恒的。同时，我们也必须清醒地认识到这样的事实：许多资源是日渐减少、终将枯竭的。可见，资源的再生是多么的重要。幸好，有一个事实令人欣慰：阳光照射下，二氧化碳和水会转化为天然多糖高分子。换言之，自然是具有再生能力的。

除了与自然为友，我们是不是还可以、也应当尊自然为师？

1.2　人、自然以及高分子之间的关系

人、自然以及高分子之间是什么关系？在探索如何从自然获取更多东西的过程中，出现了高分子的概念。此后，世上很快地就充斥了种种高分子材料，它们大多是人们利用石油基原料合成的。

这个过程当然不是与自然的有意抗争。然而，多数高分子是碳原子之间通过共价键连接而成的，这个被广为接受的定义带来了另一方面的效应：由于碳-碳单键相当稳定，高分子材料可谓长寿无疆。于是，经久耐用的高分子制品一旦遭到废弃，便成了难以处置的白色污染。例如，有在深海发现塑料的报道。人造的高

分子，源自自然却将贻害自然。

那么，为什么不效法自然的生灭有时、生生不息呢？也就是说，研发、使用可再生高分子，它在有效期内对人类友好，而后可以消亡或再生，对自然友好。

1.3　效法自然的可再生高分子

能有和自然如此相容的高分子吗？

所谓生灭有时，意指高分子可以在适当条件下形成或者发生其逆过程。这样的高分子可以是可降解高分子，其分子链含有对水或酶敏感的弱键；也可以是动态可逆高分子，是某些组分通过适当的物理作用形成的。

所谓生生不息，就是可再生。依赖于似乎无穷无尽的阳光和水，大自然存在或正生长着天然多糖高分子。多糖化合物可以转化为乳酸，再聚合为相应的高分子。各种碳基材料的消耗，产生了大量、目前闲置(至少尚未得到充分利用)的资源——二氧化碳，它和水的光合作用产物便是天然多糖高分子(淀粉或纤维素)。不难想象，设法将二氧化碳转化为聚合物，不失为获得可再生高分子的一种途径。至于动态高分子，是包括生命在内的大自然杰作之一，值得作为一种获取可再生高分子的策略加以探讨。

显然，可再生高分子具备亲自然特性。那么，这一类聚合物是否可以用作满足人们需求的各种材料呢？对现有天然多糖高分子加以改性，以克服其固有不足，满足预定性能要求，如赋予淀粉可塑性的同时，保持或提高其机械强度、韧性和可降解性；或者，按性能要求设计某种结构，再通过适当的化学反应制备，如含乳酸酯基、短序列聚乙二醇或聚乙烯醇的凝胶，具有一定的机械性能、可降解和吸附等特性；又或者，按性能要求设计一定的结构，并由适当组分进行物理组装；应该可以达到预期目的。

第 2 章　聚合物的结构-性能关系与调控

可以说，人们生活质量的持续提高，离不开高分子的研究。发轫于 20 世纪的高分子科学，仍然影响着 21 世纪的新技术和人们的生活。高分子材料之所以能够有此妙用，归因于聚合物结构和性能的多样性，归因于高分子的结构和性能能够根据需要加以调节[1]。因此，具备并善于运用相关的基本知识和方法，对于可再生高分子的研发与应用，是大有帮助的。

2.1　聚合物的结构特点

高分子的独特之处，可以归结为它具有长链结构，而长链可看成是结构单元的种种组合[2]。如此认识高分子来自于 Staudinger 所提出的高分子概念，他认为聚甲醛、聚苯乙烯、聚氯乙烯和天然橡胶等合成或者天然高分子，都是由基本的单元通过共价键构成的长链[3]。由此可知，高分子(macromolecule)是由大量的原子通过共价键结合起来,从而具有很高相对分子质量(习惯称为分子量)的化合物。这样的物质其实是由许多相同的结构单元重复连接而成的，高分子因此又称作聚合物(polymer)。

连接结构单元之间的共价键，可能都是碳-碳键；也可能既有碳-碳键，又有碳-氧键、碳-氮键或碳-硫键；还可能没有碳-碳键而是硅-氧键等，相应的聚合物分别归类为碳链高分子、杂链高分子和元素有机高分子。碳链高分子通常由乙烯基单体发生自由基聚合、阴离子或阳离子聚合以及配位聚合等链式聚合制得，主链中所含碳原子的 4 个外层电子均已成键，只有在较为剧烈的条件(如紫外线辐射、高温或施加大的外力)下才能发生化学转化或共价键的断裂。天然高分子大都是含氧或(和)氮原子的杂链高分子，主链含杂原子的合成高分子由含双或多官能团单体发生缩聚、加聚或开环聚合得到，杂链高分子通常可以继续发生官能团反应。

由结构单元可了解高分子的化学组分，而结构单元之间连接形成的长链，赋予聚合物结构若干特点：高分子长链表现出刚性、柔顺性或者介于两者之间，相应的聚合物分别对应于高模量材料、弹性体以及其他材料。结构单元之间的连接，可能是一维的，形成线型长链；也可能是二维的，即得到主链上带有若干支链的长链；还有可能得到三维的网状结构，长链之间由相同的结构单元或不同的化学成分相连接。高分子长链之间的排列方式，常见的是无序排列或无序、有序并存，分别归属于非晶聚合物和不同结晶度的聚合物。不同高分子长链之间的混合或键接，由于多组分之间不能完全相容，将形成多相高分子材料。当分子量足够高时，非晶态本体、熔融的结晶聚合物或者一定浓度的聚合物溶液中，长链可能发生链间的缠结，而造成相应体系呈现动态物理交联和流动性特异等现象。

聚合物结构的多层次、多样性，赋予其种种性能和应用。加以适当调节，又可能得到新的结构和相应的性能，如含有液晶原等特定结构组分则能够形成有序、功能独特的液晶高分子。于是，了解聚合物的结构及其结构-性能之间的关系，既利于调节，也对新聚合物的研发非常有帮助。

那么，如何从一定的高度理清高分子结构的头绪，即将高分子结构各方面之间相互关联起来，以便有针对性地加以调控呢？根据上述分析，可将聚合物的结构分为近程结构、远程结构和聚集态结构以及共混物形态结构等层次，再逐一加以叙述。而能够纲举目张、有条不紊地弄清楚高分子结构的“起点”，是构成聚合物的基本单元，即“结构单元”。

2.1.1　结构单元的可能组合

从结构单元开始认识高分子，有助于较为方便地理解聚合物的结构-性能关系，有助于通过结构的设计与调节来获得预期性能的聚合物。

那么，如何获得多样性的聚合物，以满足各种需要？这一问题实际上是考虑有关“什么”和“如何”的问题，即选用什么结构单元、将得到什么聚合物；或者要得到什么样的聚合物，需要选取什么结构单元？结构单元之间又该如何连接？下面给出简明的叙述。

① 结构单元是只含有碳-碳键还是也含有碳-氧(氮)键：含有杂原子的具有较好的柔顺性。若碳-氧键是酯基的一部分，则可能具有降解性。

② 结构单元是否含有不饱和碳-碳双键：如果含有孤立双键，顺式分子链具有较好的柔顺性；如果含有共轭双键，则呈刚性或者可能形成液晶高分子。不饱和碳-碳双键，还提供了发生化学交联的可能性。

③ 结构单元含有怎样的取代基：如果取代基有差异，导致结构单元含有手性碳原子，聚合物具有旋光异构；如果取代基有极性，分子链之间将有较强的相互作用，聚合物就有较高的机械强度；如果取代基含有可形成氢键的氧或氮原子，则可以通过氢键组装成支链高分子。

④ 构成长链的结构单元有一种还是多种：决定所形成的聚合物是均聚物还是

共聚物。不同结构单元之间，可能构成无规、嵌段、接枝或交替的共聚物；结构单元构成的均聚物、共聚物之间，还可以适当配伍，形成物理共混的聚合物。

⑤ 结构单元通过共价键相互连接生长的情况：向两端延伸形成线型长链；除了向两端，还朝某些方向生长，得到带有无规或有规支链的长链；如果不同长链之间通过共价键连接到一起，则得到体型结构的聚合物。

以聚酰胺为例，尼龙 6(—$[NH(CH_2)_5CO]_n$—)为常见的一般聚酰胺，而聚对苯二甲酰对苯二胺(PPTA，—[CO—(p-C_6H_4)—CO—NH—(p-C_6H_4)—$NH]_n$—)能溶致形成液晶，是一种功能性高分子。聚氨基酸(—[NHCHR—$CO]_n$—)也可以看成一类聚酰胺，当基团 R 为 $CH_2CH_2COOCH_2$—C_6H_5 时，即为聚谷氨酸苄酯(PBLG)，而当 R 为$(CH_2)_2CONH(CH_2)_2OH$ 时，则为聚羟乙谷氨酸(PHEG)，前者疏水，后者亲水，两者的共聚物 PHEG-*b*-PBLG 呈两亲性。PHEG 侧基上的羟基，也许可以通过氢键，与适当的高分子或低分子量化合物组装成为新的聚合物。

可见，无论是天然高分子，还是合成高分子；无论是共价键接的聚合物，还是相互作用结合起来的聚合物，它们都含有重复连接的基本单元，可通称为“结构单元”。聚合物最根本的差别，其实就是基本单元的不同及其连接方式的差异。于是，聚合物的设计与构建，首先是“结构单元”的组成与组合的探究。

2.1.2　分子链的可能组合

结构单元构成的长链，本身有分子量的大小及其分布、刚柔性的差别；长链之间又有若干种组合。

① 构成各种分子链的结构单元内部或者若干个结构单元(或称为链段)之间的共价键，发生不同程度的内旋转，呈现相应的刚性或柔性。聚合物柔顺与否，取决于结构单元的共价键类型(碳-碳单键或双键、碳-杂原子单键或非碳单键)和组成(极性大小或形成氢键的可能、取代基的位阻效应)等。

② 分子链或链段之间以一定的有序程度排列，即为聚合物通常出现的聚集态结构：非晶态和结晶态。分子链排列有序程度的高低，仍然与结构单元的组成(如取代基所造成的等规度大小、极性大小或形成氢键的可能)和组合(如无规共聚或嵌段共聚)等紧密相关。

③ 在外力作用下，分子链或链段择优排列使非晶态或结晶态转化为相应的取向态。

④ 当分子链由含有液晶原的结构单元构成时，聚合物可呈液晶态。分子链含其他特殊结构时，聚合物也可能呈液晶态。易于发生强相互作用的化合物之间，有可能组装成超分子液晶。液晶高分子有自增强、光敏或动态功能特性等。

⑤ 非晶态、结晶态和液晶态等各种聚集态的高分子链，经物理混合或化学共聚(嵌段或接枝)得到的聚合物为多相体系，相分离程度取决于组分之间的相容性。不同分子链之间的相容性，仍然和结构单元组成有关。可能发生氢键等相互作用的分子链之间，具有较好的相容性，而分子链之间能否发生相互作用，取决于其结构单元含有怎样的基团。

可见，分子链及其组合是认识高分子的较高层次，但仍与结构单元有关。结构单元依然可以看成认识聚合物、调节或改变聚合物的根本切入点，它将影响乃至改变聚合物的其他层次结构，导致聚合物做出不同程度的响应或变化，即呈现性能或功能。

2.2 聚合物的结构-性能关系

聚合物的性能取决于结构，包括结构单元、分子链以及链间排列等各层次结构均有贡献。

① 含有较多碳-氧单键的分子链较为柔顺。例如，由具有相同结构单元而数均分子量分别是 1000、2000 或 4000 的聚乙二醇(PEG，$HO—[CH_2CH_2—O]_n—H$)，与同一异氰酸酯加聚得到的聚氨酯，碳-氧单键的含量不同，其柔软性和玻璃化转变温度存在明显的差异。

② 若结构单元中含有某些功能基团，分子链较为柔顺的化学活性较高。例如，脂肪族聚酯、聚碳酸酯、聚原酸酯和聚酸酐等含有水敏弱键，可以发生水解，而聚烯烃、聚醚、芳香族聚酯、聚酰胺和聚砜等大都不易发生水解[4]。

③ 由含有 H—O∶或 H—N∶(∶表示孤电子对)的结构单元构成的高分子，可能形成链间或链内氢键，相互作用较强，抗外力破坏能力较高，溶解性较差，如聚酰胺、聚乙烯醇具有良好的力学性能，纤维素和壳聚糖难溶于常见有机溶剂。

④ 若结构单元中的侧基导致旋光异构，通常等规度高的易于结晶，聚合物的抗拉强度较高，而透明性、渗透性和溶解性等较差。旋光异构高分子之间，还可能发生立规复合(stereocomplex)、促进结晶性对映体的结晶，提高其热性能。例如，在 L-聚乳酸(PLLA)分子链中引入短的 D-聚乳酸(PDLA，分子量为 2.0×10^3～7.7×10^3)链段而得到的立规双嵌段聚乳酸，分子量高于 1×10^5 时，即可形成立规复合物，且具有自成核效应。因此，只需引入极少量相对价高的 PDLA 链段，不必外加成核剂，就可提高聚乳酸的结晶度，从而改善 PLA 基材料的热稳定性[5]，而且不存在外加成核剂带来的相分离等相态结构相关问题。

⑤ 结构单元不断连接成长链，分子链之间存在强的相互作用，常见聚合物大

都是固体，不存在气态。所以，高分子不能采取蒸馏(包括常压和减压)的方法提纯，而是采用溶解-沉淀的过程加以纯化或分级。高分子和小分子、高分子和高分子之间的均相反应，也需要在溶液中进行。

⑥ 若结构单元不断连接成线型或支化高分子，能够溶解于适当的溶剂中，而且结晶度低的聚合物较易溶解；而形成体型结构之后，则不溶解、不熔融。交联聚合物的抗拉强度较高(高度交联则脆)，热稳定性优于线型、支化高分子。亲水的物理或化学交联聚合物，含有一定量的水即成为水凝胶。化学交联不可逆，动态的物理交联则可提供自愈等特性。

⑦ 若结构单元不断连接而成的长链亲水性不同，两者之间再通过共价键连接起来，可得到两亲性的两嵌段共聚物，例如上述的 PHEG-*b*-PBLG 和 PLA-*b*-PEG(聚乳酸 PLA 疏水、PEG 亲水)，可以在水中自组装成微囊。

⑧ 如果不同组分的相容性差，通过化学键将之连接而成嵌段共聚物，则将表现出某些特性。例如，PS 和 PB 不相容，三嵌段共聚物 SBS 的 PS 和 PB 分处于分散相和连续相，PS 段起到物理交联作用，使 SBS 具有可逆弹性；PS 的热塑性则使得 SBS 可反复热成型。又如，聚氧化乙烯 PEO 和聚氧化丙烯 PPO 的三嵌段共聚物具有温敏性。

⑨ 两亲嵌段共聚物的溶解性、微囊化以及水中溶液-凝胶转变，可以由分子量分布、嵌段长度和组分序列等分子结构参数加以调节。重(数)均分子量 M_w(M_n)相近而分子量分布不等的 PLGA-PEG-PLGA 三嵌段共聚物，多分散系数(即 M_w/M_n)增大时，它在水中的溶解性提高，临界微囊浓度随着提高。当两亲嵌段共聚物水溶液的浓度高于其临界凝胶浓度 CGC 时，发生溶液-凝胶转变。而且，M_w 和 M_n 给定时，CGC 和溶液-凝胶转变温度随着多分散系数的增大而提高[6]。

⑩ 当聚合物的主链或侧基含有某些基团，如可电离基团、液晶基元、偶氮基团或可形成较强相互作用的基团时，呈现出酸敏、液晶性、光响应和动态可逆等特性。当聚合物的侧基或端基含有诸如羟基、氨基等官能团，则可发生相应的反应，如扩链、接枝或封端等。

显然，聚合物的性能依赖于其结构，改变某层次结构(或者各层次结构，尤其是结构单元的组成)，能够明显地改变聚合物的某种或若干性能。当然，为获得某种特性，根据结构-性能关系设计并获得某种特定结构，也是可行的。换言之，结构单元和其他层次的细致遴选与调节都是设计、研发某种目标聚合物(如可再生高分子)的有效策略。

聚合物的结构及其性能相互依赖，由结构可推测可能呈现的性能，由性能也可以推定其应有的结构。例如，亲水网络可能与人体组织一样柔韧；而要具备透气和传质性，则需要聚合物内部具有一定的孔隙——生成途径包括外加致孔剂或降低结晶度。高分子的结构-性能关系，有助于可再生高分子的设计、构建、验证以及调控。研发某一种高分子，通常都带有一定的预期目的，结构单元和其他层次的选择与不断优化，不一定都按固定的顺序、步骤进行，而往往是交错、反复的过程。研发某一种高分子，是从现有聚合物出发，还是从头设计、研制，这两种研制、表征和分析过程，也会有所不同。不过，弄清结构，理出结构-性能关系，都是不可或缺的。要弄清的结构，包括产物的结构及其与起始物的结构差别；总结出结构-性能关系，既利于其应用，也有助于进一步的改善。

2.3　聚合物的构建与调控

聚合物的构建策略，包括传统的化学制备、超分子组装和“纳米原子”模块拼装。

① 由传统的化学途径制备的合成高分子，大都是通过共价键连接而得到的，结构单元的化学组成可能与单体一样，也可能有所差别。例如，含有碳-碳双键的不饱和单体经自由基聚合得到的聚烯烃、丙交酯开环聚合得到的聚乳酸，聚合物的结构单元与单体具有类似的组成；而二醇与二酸之间发生缩聚得到的聚酯，聚合物的结构单元可视为单体残基，存在一定的差异。要借助化学途径得到不同的聚合物，可利用相同的化学反应，采用不同的单体，如丁二醇和丁二酸酐、丁二醇和顺丁烯二酸酐的缩聚反应，得到的聚合物完全不同；也可由相同的单体发生不同的反应，如顺丁烯二酸酐和乙酸乙烯酯发生自由基共聚，得到的高分子与顺丁烯二酸酐和二醇缩聚所得不同。

② 超分子组装是根据 Lehn 于 1987 年提出的超分子化学概念，由许多“结构单元”(即含有特定结构成分的单体或聚合物)通过可逆的、方向性的非共价键(包括范德瓦耳斯力、氢键等相互作用)连接而成高分子。聚合物或单体之间通过非共价键相互作用，可形成主链超分子均聚物或嵌段共聚物。通过非共价键相互作用，也可形成侧链超分子聚合物，从而得到具有一定功能的聚合物，或者实现对聚合物的高度可控调节。借助氢键，可由相同的聚合物骨架，“即插即得”各种功能高分子[7]。这种动态可逆的高分子或超分子聚合物，通过物理过程形成，既可在适当的条件下解离，也可在适当条件下重新自组装。

另一种动态可逆的高分子，则是通过可逆的共价键将不同组分连接起来，形成较高层次的结构。所得聚合物具有动态共价键的可逆特性，可以方便地引入或释放出某些成分，从而改变其构成，重构聚合物并调节其性能[8]。

③ “纳米原子”模块拼装是 Cheng 等提出的模块精准构建高分子设想[9]。这是他们将 Feynman 之问“要是能够真正地按我们的意图安排原子的排列，那所得材料将具有怎样的性质呢？”用于寻求高分子的答案。考虑到对合成高分子性能的影响因素，还少有像 DNA 那样着眼于不同尺寸的可控超分子结构，应 Feynman 之问的一个可能策略，便是用精确的分子纳米模块(precise molecular nanobuilding blocks)构建高分子。若将形状和体积均保持不变、具有精准分子结构和特殊对称性的分子纳米粒子称为“纳米原子”，则可将它们作为各种各样的分子纳米模块，拼装出不同于传统高分子的单分散、精确高分子。

由传统的还是新提出的策略构建的高分子，其基本单元分别是传统结构单元(单体残基)、“结构单元”(能发生强相互作用)和“纳米原子”等。采用哪种途径，取决于目标聚合物以及对高分子科学的理解深度。随着经验的积累，研制者可采取或提出针对具体目标、切实有效的途径。

第 3 章　可再生高分子的设计

第 2 章根据结构-性能关系，提出构建可再生高分子的一般策略可以有两个途径：①对现有聚合物进行改性；②从头设计、研制。

那么，什么样的聚合物可以作为起始物，用于可再生高分子的研发呢？目前，又有哪些化合物适合作为起始物，用于可再生高分子的从头研制呢？本章继续运用结构-性能关系，分析、寻求这两个问题的答案。在此之前，先说明本书所阐述的可再生高分子概念。

3.1　可再生高分子的含义

在 1.3 节，将可再生高分子描述为效法自然“生灭有时、生生不息”的聚合物，包括由可再生资源生成的聚合物和动态可逆高分子，它们可降解或可解离为起始物，可能有如下四种情形。

① 天然多糖高分子本身就是一大类可再生高分子。例如，纤维素和淀粉以及壳聚糖和海藻酸钠分别产自陆地和海洋，来源丰富，它们各有优点和不足。有趣的是，它们的结构有相似之处(图 3.1)[10]。它们具有相同的主链，不同的是结构单元的连接方式、取代基的区别。

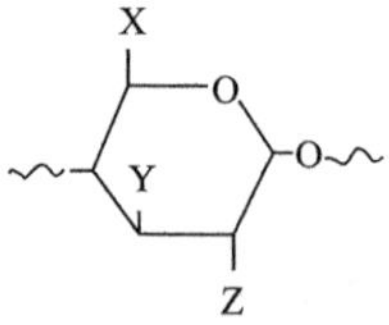

X
Y
Z
X,Y,Z=OH,CH_2OH,
COOH或NH_2

图 3.1　常见天然多糖高分子的结构式

② 乳酸是一种可再生的单体，因此，聚乳酸可视为可再生高分子，它具有两种旋光异构体(图 3.2)。PLLA 是一种高度结晶的高分子(结晶度约 60%，T_m=185℃)，PDLA 含量较少，而外消旋的 PDLA 则为无定形(T_g=65℃)。乳酸还可以与其他单体合成共聚物，更多细节见后续相关章节。

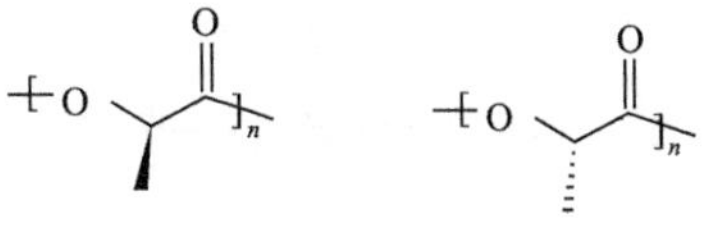

PLLA　　PDLA

图 3.2　聚乳酸的结构式

③ 二氧化碳无毒、来源多，是一种可再生的资源[11]，是研发可再生高分子的理想原料。但是，二氧化碳发生聚合的化学活性低，通常在适当的催化剂存在下，与活泼的环氧化合物、烯烃等单体进行共聚，得到交替共聚物 $-\!\!\left[\text{OCO}-\text{X}\right]_n\!\!-$（此处，X 表示环氧化合物或烯烃残基）。可以推测，研制二氧化碳的嵌段共聚物 $-\!\!\left[\text{OCO}\right]_m\!\!-\!\left[\text{X}\right]_n$ 或均聚物 $\left[\text{OCO}\right]_n$ 应该是一项颇具挑战而又吸引人的工作。

④ 动态可逆高分子除了前面提到的通过物理过程（相互作用）形成的超分子聚合物（supramolecular polymer，SP）外，还应该包括由动态共价键连接的聚合物（dynamic covalent polymer，DCP）[12]。SP 不如 DCP 稳定，DCP 在常温下与常规聚合物一样稳定，在适当的条件下（催化剂、热等外部刺激）达到可逆平衡。常规聚合物、SP 和 DCP 三类聚合物的结构单元的连接方式如图 3.3 所示。

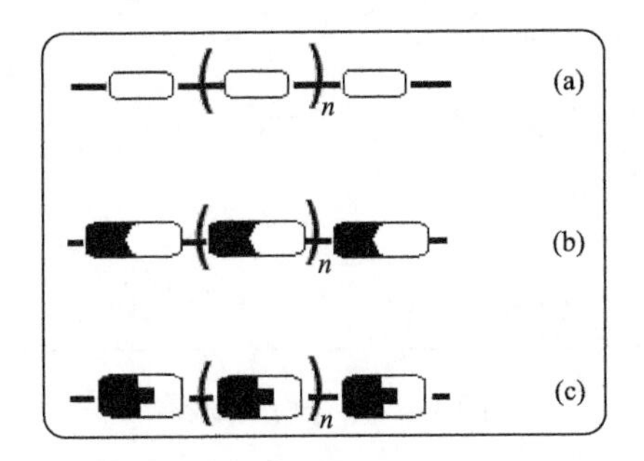

图 3.3　常规聚合物（a）、动态非共价键或超分子聚合物（b）和动态共价键聚合物（c）

动态可逆高分子能够满足“生灭有时、生生不息”原则。由共价键连接而成的天然多糖高分子、乳酸基聚合物和二氧化碳基聚合物来源丰富，满足生生不息。那么，它们能否在不再需要时，降解为无毒无害的物质吗？

于是，有必要了解具有怎样结构的聚合物可以降解。

3.2　聚合物的降解机理

降解是聚合的逆过程，要在常温常压下发生，需要具备特殊的结构和满足适当的条件。含有一定化学活性的键或基团的线型、支化和交联三种聚合物，较容易发生降解。一般地，聚合物按下列过程发生降解[13]：交联聚合物发生水解，转化为可溶于水的线型高分子(图 3.4 Ⅰ)；疏水性聚合物的侧链基团水解或质子化，变成水溶性聚合物(图 3.4 Ⅱ)；线型的疏水聚合物，水解为低分子量、水溶性小分子(图 3.4Ⅲ)，降解产物溶于水，聚合物的降解得以不断进行。可见，聚合物的降解大都起始于含有水敏弱键聚合物(如聚酯、聚酸酐和聚碳酸酯等)分子链的水解，且可为酸或酶所催化。因此，化学组成、分子链亲/疏水性、可降解键的稳定性、相对分子质量和结晶度等决定了聚合物的降解性，如脂肪族聚合物比同类芳香族聚合物易于降解、结晶度低的同一聚合物较易降解。此外，材料的形状和环境因素(pH 和温度等)也有影响。

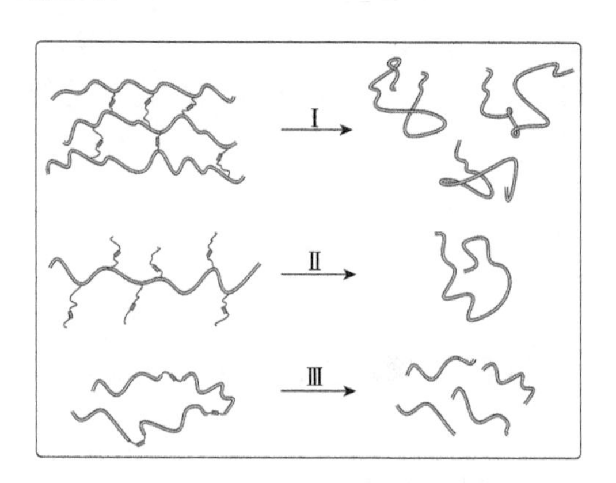

图 3.4　聚合物的降解

天然多糖高分子、乳酸基聚合物以及二氧化碳基聚合物均存在可以发生水解的化学键或基团，具有生物降解性。例如淀粉可以在酸或酶的催化下，水解为葡萄糖；聚乳酸也可以水解，最终产物为二氧化碳；二氧化碳可以转化为环状碳酸酯，经聚合可得到脂肪族聚碳酸酯，脂肪族聚碳酸酯可以降解[14]，但降解速率缓慢；由二氧化碳和其他单体直接聚合得到的二氧化碳基聚合物(实际上是交替共聚物)，至今尚少见其降解性的研究报道。

可见，天然多糖高分子、乳酸基聚合物以及二氧化碳基聚合物基本符合可再生高分子的两个方面要求。在研发相关的可再生高分子时，要尽可能选用价廉易得的原料，保证其“生生不息”；也要尽量选用具备降解性的组分，还要注意调控其结构，确保其保持“生灭有时”特性。此外，也要兼顾其他性能。例如，乳酸基聚合物易于结晶，通常较脆。聚乙烯醇(PVA)能溶于水，具有良好的机械性能，又可降解[15]，是一个可以考虑用于改善乳酸基聚合物脆性的组分。

目标物、起始物基本确定，接下来就是如何实施了。

3.3　可再生高分子的构建策略

如何利用聚合物的结构-性能关系研发可再生高分子？可以大致分为两个方面：其一，调控现有聚合物的各层次结构；其二，从头设计新的聚合物结构(首先是结构单元的组成及其连接方式，然后是其形态结构)。将它们分为物理和化学两大途径，更易于认识和运用。

3.3.1　物理途径

物理途径不涉及共价键的破坏与形成，可以细分如下。

1. 物理共混

现有聚合物适当配对，包括组成不同、结晶度相近或组成相同而结晶度不同的聚合物之间，某一结晶度的聚合物与液晶聚合物之间，或者某一聚合物与适当无机物之间，通过物理共混，形成一定的相态结构，得到各种高分子合金、复合材料或杂化材料。

2. 通过相互作用形成新的结构

适当小分子组分之间、聚合物与一定组分之间或者聚合物与聚合物之间，通过立体复合(stereocomplex)、静电作用、疏水、氢键等相互作用，形成新的体系，从而获得预期性能。

① L-乳酸齐聚物和 D-乳酸聚齐聚物之间，可以发生立体复合，若将它们分别键接到天然多糖高分子的分子链上，通过乳酸齐聚物对映体之间在水中的复合，发生物理交联，从而生成新型天然多糖基的水凝胶[16]。立体结构明确的合成高分子，在一定的溶剂或薄膜中，通过分子链功能基团之间的匹配或者侧基之间的范德瓦耳斯作用，则可以通过立体复合实现层-层自组装[17]。

② 聚电解质复合物的形成。在水溶液中，带相反电荷的聚电解质之间发生静电作用，生成不溶于水的聚电解质复合物(PEC，图 3.5)。含有氨基或羧基的壳聚

糖、羧甲基纤维素钠、海藻酸钠和透明质酸以及淀粉衍生物，分别带正、负电，易于形成天然多糖高分子基聚电解质复合物。

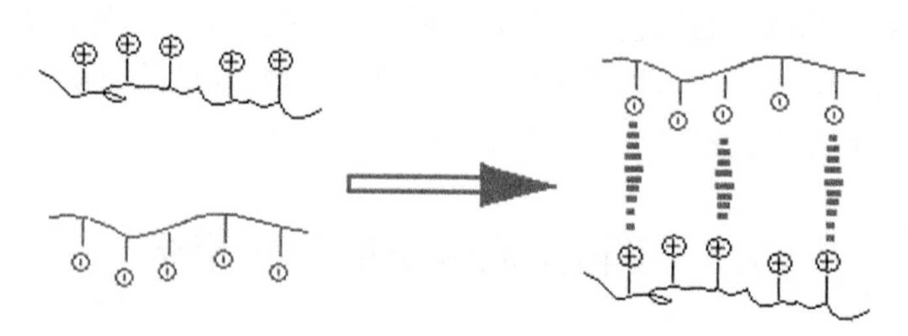

图 3.5　聚电解质复合物的形成

聚电解质复合物的形成，依赖于组分的浓度和溶液的 pH。聚电解质复合物的形成，在常温下、水作介质中实现，条件十分温和，简便、易行，适合于可再生高分子的构建。

③ 层-层自组装。带相反电荷的聚电解质，通过静电作用，进行聚电解质复合，在某种基质上交替沉积，从而实现层-层自组装(LbL，图 3.6)。带电荷的天然多糖高分子可以作为形成 PEC 的组分，也可以作为基质。

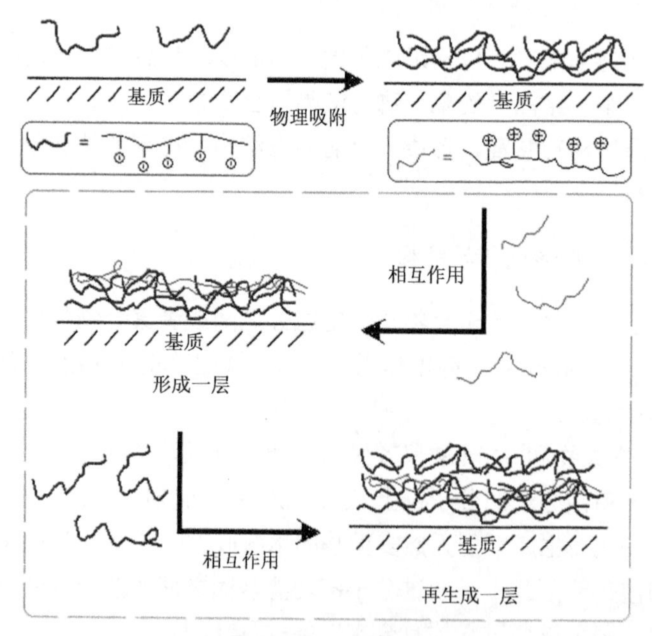

图 3.6　聚电解质的层-层自组装

层-层自组装可以生成聚电解质多层功能超薄膜，其尺寸可控制在纳米至微米之间，表面性质也可以通过组分的改变而得以调节。通过改变温度、聚电解质浓度、pH、电荷密度、聚电解质的分子量、离子强度以及化学或物理交联等参数，可以方便地对层-层自组装加以调节。此外，相邻两层的不同组分之间，存在相互作用，不发生相分离。整个 LbL 过程在常温下、水介质中实施，条件十分温和，适合于可再生高分子材料的构建[18]。

④ 两亲性聚合物的自组装。中性的聚合物也可以在室温下、水介质中实现自组装。含有亲水性和疏水性链段的嵌段或接枝共聚物，在水溶液中，疏水部分聚集成为核、亲水部分成壳，得到稳定的微胶束(图 3.7)。

图 3.7　两亲性聚合物的自组装

例如，淀粉具有良好的亲水性，后面将介绍通过适当的化学反应在其分子链上引入疏水的合成高分子(如聚乙酸乙烯酯，PVAc)，得到两亲性多糖基聚合物，而在水介质中形成多糖基高分子微胶束。

⑤ 水溶性高分子的物理交联。PVA 溶解于水之后，分子链无规地分布在水溶液中。置放在零下 20℃左右一段时间，冷冻过程既使水结冰，也使得一些 PVA 分子链彼此接触，因链间相互作用(包括范德瓦耳斯力和氢键)而发生弱结合。在室温下解冻的过程中，这些弱结合部分解离、部分保持。经反复冷冻-解冻，在某些微区内的链段形成有序结构，以微晶的形式成为物理交联点[19]。PVA 不再溶于水，形成了凝胶(图 3.8)。所得凝胶若在水中加热，可以再度溶解。

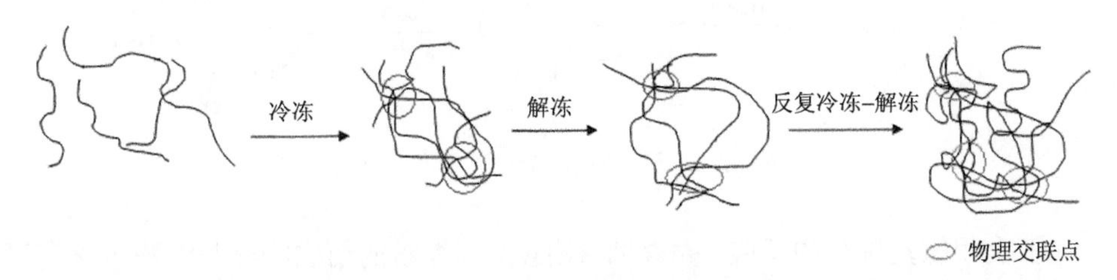

图 3.8　冻融法形成聚乙烯醇物理凝胶的过程

后面也将介绍，在天然多糖高分子(如淀粉)分子链上引入聚乙酸乙烯酯，经醇解得到接有 PVA 链段的聚合物，通过若干个冻-融循环，将得到相应的水凝胶。

⑥ 天然多糖高分子的分子链上含有大量羟基、羧基或氨基，分子链之间容易形成氢键，也可与适当组分形成分子间氢键，可用于构建动态非共价键高分子。

通过静电作用、氢键和疏水等相互作用构建可再生高分子，一般可在较为温和的条件下实现。而且，物理过程往往是可逆的，具有动态、开关效应。当然，物理过程是较弱的结合，稳定性也就较低。此外，物理途径对起始物的结构有一定的要求，如带有可电离基团或者含有氧或氮原子。

3.3.2 化学途径

化学途径指发生了化学键变化的过程，包括：

1. 选择适当的单体进行均聚或共聚反应

2. 选取适当的聚合物进行大分子化学反应

例如，纤维素经甲基化转化为可溶于水且具有温敏性质的甲基纤维素。再如，甲壳素脱乙酰化而转变为壳聚糖。这里简要介绍若干适用于天然多糖高分子转化为相应衍生物的化学反应，具体操作在后续章节说明。

① 利用羟基进行的反应。天然多糖高分子大都含有羟基，可以发生醇的反应，包括醚化、酯化或醇醛缩合反应，常用 *N,N′*-羰基二咪唑(CDI)作为羟基的活化剂。羟基还可以发生氧化反应，如用 $NaIO_4$ 或过氧化物将葡聚糖或环糊精的 2,3-二醇部分氧化成醛，或者用四甲基哌啶(TEMPO)选择性地氧化多糖高分子结构单元上6-位的羟基(即—CH_2OH)(图 3.9)[20]。

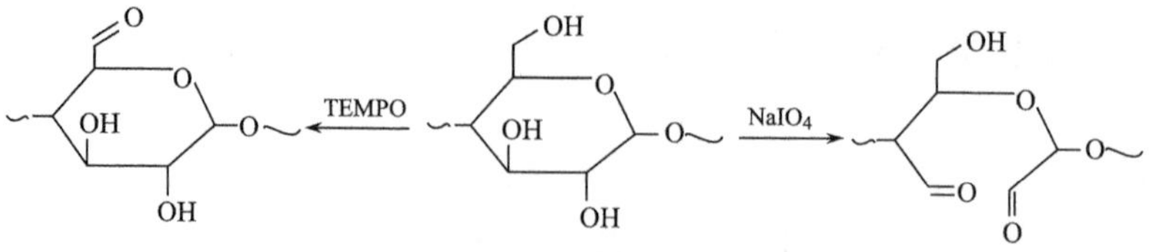

O OH TEMPO OH O OH $NaIO_4$ O OH OH O O

图 3.9　天然多糖高分子的氧化反应

② 利用氨基进行的反应。壳聚糖含有氨基，淀粉的衍生物氨基淀粉也含有氨基，它们都可以发生胺的反应。例如，烷基化、酰化、缩合-还原氨化、叠氮化以及随后的铜催化点击化学反应(Click 反应)，或者与异氰酸酯生成脲(图 3.10)[20]。这些反应可使含氨基多糖高分子具有多样化的功能，如彻底烷基化的结果是生成

季铵盐，酰化则可引入疏水基团而转变为两亲性聚合物。

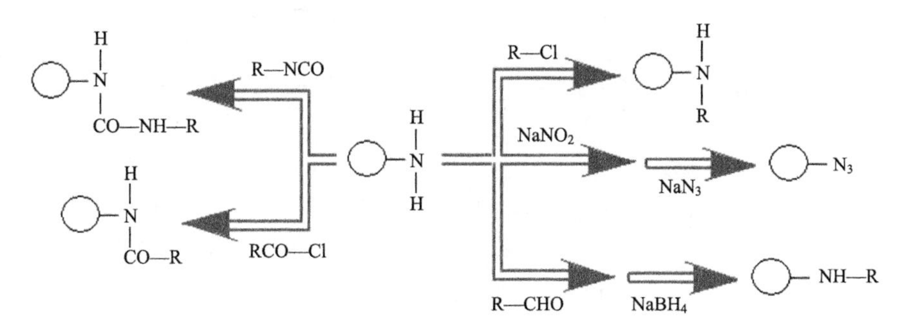

图 3.10　含氨基多糖高分子的反应

③ 利用羧基进行的反应。羧甲基纤维素钠、海藻酸钠和透明质酸均含有羧基，淀粉的羧化衍生物也含有羧基，它们可以发生羧酸的酯化和酰化反应，常用碳化二亚胺盐酸盐(EDC·HCl)或 *N,N'*-二环己基碳酰亚胺(DCC)作为酯化反应的催化剂(图 3.11)[20]，所得产物的疏水性得以提高。

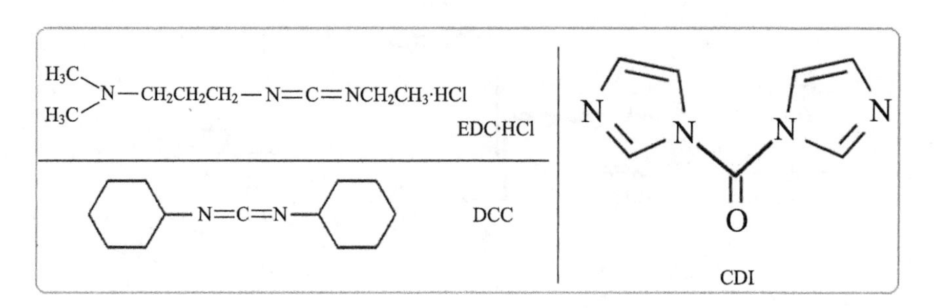

图 3.11　用于多糖高分子酯化反应的催化剂

④ 发生交联反应，形成单网络、双网络、半互穿网络，生成功能凝胶等。

⑤ 采用点击(Click)化学进行的反应。点击化学反应选择性高，有利于将物理、化学性能差异较大的两组分，通过共价键连接在一起。点击化学可以是亚铜离子催化的叠氮与炔的环加成反应，也可以是自由基存在下的硫醇-烯加成反应(含硫中心的自由基和烯烃发生反马氏加成)，还可以是 Diels-Alder 环加成反应(图 3.12)。

天然多糖高分子或二氧化碳基聚合物的骨架上引入叠氮、炔、巯基或碳-碳双键，可与含有对应基团的另一组分进行高选择性的共价键合，得到新的聚合物。值得一提的是，Diels-Alder 环加成反应可逆，得到的是一种动态共价键连接的聚合物。

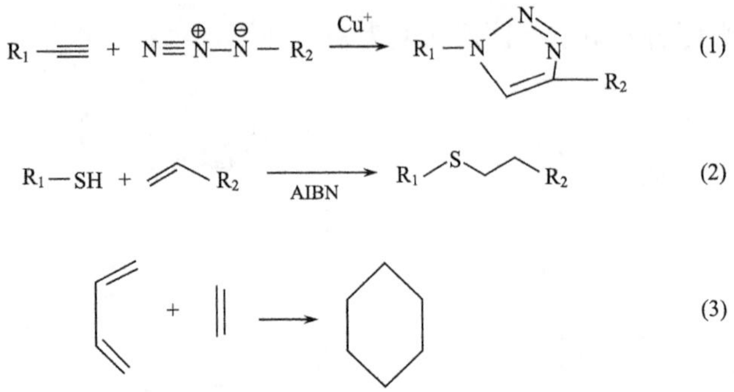

图 3.12　三类常见的点击化学反应

⑥ 利用自由基进行的反应。在引发剂存在下，经热或光引发，含有碳-碳双键的多糖高分子基大单体与小分子单体发生自由基接枝共聚或者化学交联(图 3.13)，可得到不同组分通过共价键连接而成的线型聚合物，如多糖高分子与疏水链段的缀合物；或者得到体型聚合物，如多糖基高分子凝胶。换言之，改变反应条件或单体，分别得到线型或者体型产物。

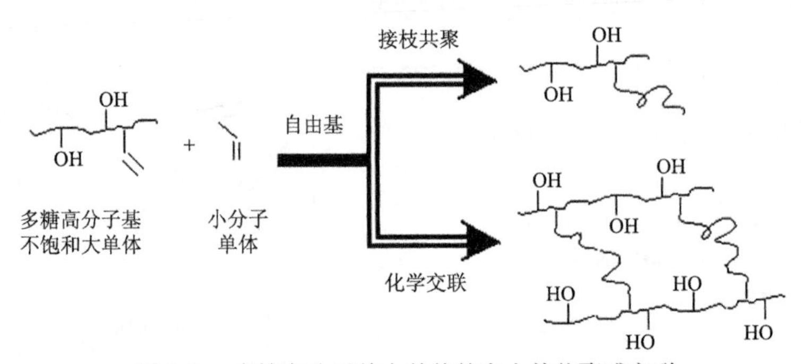

图 3.13　多糖高分子基大单体的自由基共聚或交联

若采用可逆加成-断裂链转移(RAFT)自由基聚合，则可得到单分散、链长可控的聚合物。黄原酸盐是目前用于调控活性自由基聚合的常用链转移剂(CTA)，CTA 往往是小分子，也可以是大分子。多糖高分子基链转移剂与小分子单体(如乙酸乙烯酯)发生 RAFT 自由基聚合时，即得到侧链可控的多糖高分子-合成高分子接枝共聚物(图 3.14)。

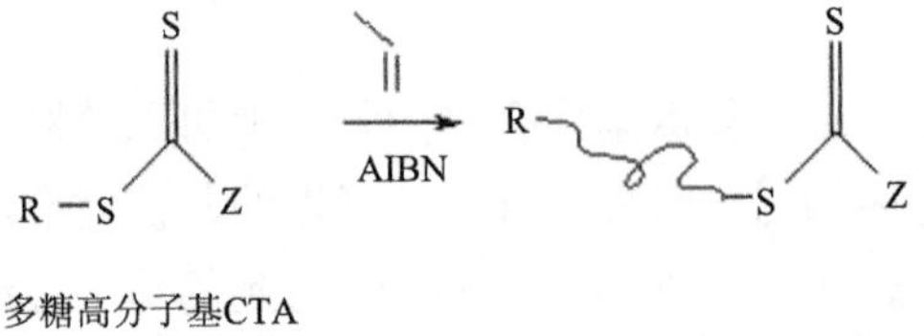

多糖高分子基CTA

图 3.14　可控多糖高分子接枝共聚物的自由基聚合过程

有趣的是，上述反应产物可以醇解为含有巯基的多糖高分子基化合物，可通过点击化学反应引入其他片段而转化为其他聚合物(图 3.15)。两步反应可以不加分离，而直接进行，即所谓“一锅法”。

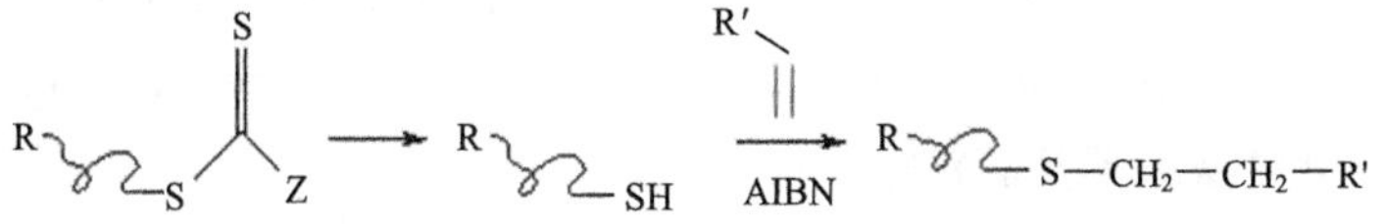

R: 多糖高分子基　　R′: 预定功能片段或基团

图 3.15　可控多糖高分子接枝共聚物的自由基聚合过程

由天然多糖高分子一级结构的特点(即可能含有的基团)可知，以上化学反应均是有效的，实施起来也是容易的，符合研发可再生高分子的简便原则。类似地，含有相应基团的乳酸基或二氧化碳基大单体，也可通过上述途径得到新的聚合物。

各种物理和化学策略的原理及其应用，将在后续章节予以介绍。

至此，还有一个很重要的问题：如何得知是否达到预定的目的呢?

由上述了解到，可再生高分子可以通过物理或化学途径从头设计、研制，也可以通过对现有聚合物(如天然多糖高分子、聚乳酸)进行物理或化学改性(如共混、借助官能团反应)而获得。无论采用化学或物理途径，聚合物的组分、组成、聚集态和相态结构都将发生明显的变化，热、力、光或电等性能也将发生一定的变化。因此，检测聚合物的结构和性能变化情况，既可以获知研发效果，也可以用来指导研发方案的修改或调节，以获得与预期目标较为接近的可再生高分子。

各种检测方法的原理和具体操作可参见有关书籍或文献，这里侧重于介绍：根据聚合物的结构-性能关系，进行可再生高分子的研发过程中，如何选择表征方法及其可能获知的信息。需要注意的是，目的在于获得充分的证据，而不是选用新奇的表征手段，在论文或报告中堆砌不必要的“时新、眩目”的图片。

① 物理或化学构建前后，基团可能有所增减、化学组成可能会改变，对此可选择的检测手段为：由 FTIR 谱图上新特征峰的出现、原有特征峰的消失、原有特征峰发生位移或强度减弱，判断是否出现新基团、原有基团消失或者发生相互作用。由紫外-可见光谱、荧光光谱分析可知，所得产物是否含有生色团或者某些基团是否发生了变化。由 ^{1}H NMR 和(或) ^{13}C NMR 给出的化学位移，定性或定量判断结构的精细变化。通过元素分析(EA)、能谱分析(EDS)或 X 射线光电子能谱分析(X-ray photoelectron spectroscopy，XPS)分析，得知存在哪些元素及其相对含量，确认引入了什么元素或者其含量发生怎样的变化，从而得知分子水平的相关

信息。

② 分子量的大小及其分布，是判断新合成的产物是不是聚合物的首选证据，也能反映出原有聚合物在化学或物理改性前后的变化情况，可以由凝胶渗透色谱GPC（或尺寸排除色谱 SEC）、基质辅助激光解吸电离飞行时间质谱（matrix-assisted laser desorption/ionization time of flight mass spectrometry，MALDI-TOF-MS）、黏度法或端基滴定等测得。

③ 新合成聚合物的柔顺性、结晶性、原有聚合物改性前后结晶性的变化，均能给出聚合物的一次结构、二次结构和聚集态结构之间的关系，由此可知所得产物是否符合预期，也有助于预先判断聚合物的性质。广角 X 射线衍射（WXRD）分析曲线的峰形、位置变化，可反映出结晶性及其变化的信息。由差示扫描量热法（DSC）分析可知，所得聚合物是否存在 T_g 和 T_m 及其数值的高低或者变化（峰的位移、强度增减），从而判断出分子链的刚柔性、非晶或结晶、相容程度或者组成变化等。

④ 组分之间的相容性、聚合物的相分离情况，与结构单元的组成有关，反映共混或共聚的效果，除了利用 DSC 分析获知（通过 T_g 的数目及其可能的变化）外，由扫描电镜（SEM）和透射电镜（TEM）可直接观察到相态结构的变化、相畴的大小和孔隙大小及其分布，验证共混体系的相态结构或共聚物中结构单元的连接情况（无规共聚物不发生相分离，嵌段、接枝共聚物可能存在不同的相）。

⑤ 由于聚合物的热性能与其共价键、相互作用的强弱有关，共价键、相互作用的强弱又受到组分数目及其组成、结晶度等各层次结构的影响，所以热重分析（TGA）也能有效地给出相关的结构-性能关系信息。

⑥ 高分子材料的力学性能也与其共价键、相互作用的强弱有关，利用万能试验机测定应力、应变和模量等参数，可知聚合物的强度、弹性；由动态力学热分析（dynamic mechanical thermal analysis，DMTA）分析聚合物的黏弹行为，也可了解相关的结构-性能关系信息，如由模量判断聚合物交联与否。

⑦ 如果聚合物分子链上含有羟基、磺酸基、羧基或氨基等基团，则将表现出良好的亲水性，如果这些基团有所增减或转换，则聚合物的亲水性将随之改变。通过接触角测试，可得知聚合物的亲水性或者其是否发生变化，电位滴定则可了解可电离基团含量的大小或增减情况。

⑧ 聚合物的溶解性，取决于分子链是否交联和结晶度的大小，选择适当的溶剂，观察其溶解情况，可以判断出聚合物的相关结构信息。如果交联聚合物带有可电离的亲水性基团，则可测定其在不同 pH 的缓冲溶液中的溶胀比，验证其结构并说明其具有酸敏特性。

⑨ 具有两亲性的聚合物，能够在适当的介质中发生自组装，可采用动态光散射或 TEM，分析所得微囊或微粒的粒径及其分布或者形貌。

3.3.3 构建策略的选择

不论采用物理途径还是化学方式，可综合考虑下述方面，进行选择。

① 不同方式得到的结构-性能关系差别明显。物理结合得到的目标产物可能因外界条件的改变而发生逆转或遭到破坏，这在某些场合是一种智能行为(如超分子液晶高分子的动态行为)，而在另一些需要有一定寿命的场合，则是不利的(例如，聚合物的共混物发生明显相分离之后，性能也就劣化了)。化学途径将改变起始物(包括小分子和聚合物)原有的结构，得到新的聚合物结构和性能，常规方法形成的共价键较为稳定，但不具备动态开关特性。若化学反应得到的是动态共价键聚合物，则既有良好的稳定性，又可以根据需要予以解离，具有动态功能。

② 不同的研发目的(包括学术探讨、具体领域的应用)，对目标产物的结构-性能关系有不同的要求。例如，用于自然环境的高分子材料和用于人体的医用高分子具有不同的寿命要求；又如都称为医用高分子，药物控制释放的载体和器官替代的材料也有不同的性能要求。因此，除了动态行为外，亲水性、降解性、加工性、力学性能、光学性能或电性能以及刺激响应性等，应视实际应用的要求，有所调节，综合平衡。这也就是本书一直在强调的：运用结构-性能关系，加以适当的调控。

③ 根据拟采用物理或化学途径的原理和特点，利用聚合物的结构-性能关系，充分研判目标聚合物的结构和性能特点，即加以预测并评估其优点和可能造成的不良影响。例如，淀粉分子链上引入 PVAc 之后，其脆性得以改善，而降解性显著劣化，可考虑作为包装材料，但不宜用作药物载体。

构建可再生高分子有物理和化学两种策略，无论采取哪种途径，最好都尽可能地选取简便、易行的实施过程，以便容易实现可再生的目的。

如此选择两者之一，或者并用物理和化学途径，尽可能地选择常见的可再生资源，实施条件尽量温和、简便、易于实现，以实现效法自然、无害自然的初衷。

原则不易拟就，实施起来也不容易，需要多加训练，即使是重复应用某一方法，用多了也将有不一样的体会。结构单元不断重复地连接，成就了高分子；结构-性能关系的一再运用，也能使可再生高分子推陈出新，确确实实地可再生。

第4章　纤维素基可再生高分子的构建

前面介绍了可再生高分子的研发原则和思路，说明了聚合物的结构-性能关系可以用于可再生高分子的构建和调控，并给出天然多糖高分子作为可再生高分子的理由。自然界有许多种天然多糖高分子，尽管它们有如图3.1所示的相近结构，但各有优点和不足。那么，选择哪些天然多糖高分子作为可再生高分子呢？是否可以直接将它们加以应用呢？

从可持续和实际应用的角度看，应当考虑天然多糖高分子的量和成本，考虑天然多糖高分子的结构和性能特点，必要时采取适当的策略，做相应的改善或者引入新的功能。常见的纤维素、淀粉、壳聚糖和海藻酸钠是较为理想的可再生天然多糖高分子，为避免篇幅过大，分章予以介绍。

4.1　纤维素的结构和溶解性

纤维素是由二氧化碳和水发生光合作用生成的，是最丰富的天然多糖高分子，它由*D*-葡萄糖单元通过β-1,4′糖苷键连接而成，结构见图4.1。

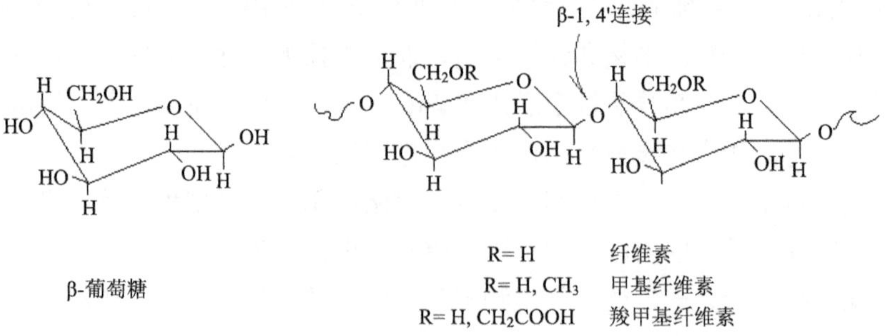

β-1, 4′连接

β-葡萄糖

R= H	纤维素
R= H, CH_3	甲基纤维素
R= H, CH_2COOH	羧甲基纤维素

图4.1　纤维素的结构式

纤维素的分子链上含有大量的羟基，链内和链间形成强的氢键，纤维素呈刚性，高度结晶，难溶于水，也不溶于常见溶剂，这限制了它的应用。

为解决纤维素难于溶解的问题，至今开发出衍生化溶剂和非衍生化溶剂两类溶剂，均有效地削弱乃至破坏了纤维素分子间氢键：①纤维素与溶剂发生衍生化反应而溶解，例如，用于黏胶法的 CS_2/NaOH 体系。又如，纤维素用饱和尿素水溶液预处理，再溶解在氢氧化钠溶液中。实际上，用这类溶剂溶解纤维素，分子链上的部分羟基已经酯化，结晶和氢键均遭到一定程度的破坏。②非衍生化溶剂可以溶解纤维素而不发生化学组成的变化，*N*-甲基吗啉-*N*-氧化物(NMMO)、LiOH/二甲基乙酰胺和离子液体就是这样的溶剂。它们分别通过 N^+O^-偶极、溶剂化正离子以及强氢键受体负离子，与纤维素分子链发生作用，削弱分子链内、链间氢键，不需形成衍生物，即可溶解[21]。

上述溶剂都不是常规溶剂，水则是常温下稳定、无毒且易得的溶剂。作者设想：能否寻找一种新的途径，对纤维素进行适当的预处理，改变纤维素的形态结构，使其具备水溶性，从而得以直接应用。这个想法看上去简单，是否可行，有待探索。不过，这应该是更有意义的纤维素溶解性改善策略，是值得期待的得到水溶性纤维素的物理途径。

纤维素是结构性材料，植物等保持一定的形态，实有赖于纤维素。对纤维素进行机械处理、酸或酶催化水解或微生物代谢而得到的纳米纤维素，可作为增强剂。它不仅具有强度高和比表面积大的特点，还具有碳纤维和玻璃纤维等常见增强填料所缺乏的生物相容性和生物降解性，这使得它的应用范围，不仅包括一般复合材料的开发，也适合于环境治理、食品、卫生和医用领域[22]。这些利用了纤维素的性能特点，借助了纳米材料的概念，通过物理过程复合，得到纤维素基功能材料。

要有效地实现物理混合，避免其发生相分离，措施之一是提高纤维素的溶解性。上述衍生化改善纤维素溶解性的思路，加以拓展，便是通过醚化生成可溶性衍生物，从而间接地利用纤维素。例如，离子型纤维素醚(羧甲基纤维素钠，CMC-Na)和非离子型纤维素醚(甲基纤维素钠，MC；羟丙基纤维素，HPMC)都具有水溶性。它们是纤维素分子链上的羟基分别为 OCH_2COONa、OCH_3 或 $CH_2CH(OH)CH_3$ 部分或全部地取代后的纤维素衍生物。含有羧基的 CMC-Na 是一种聚电解质，而 MC 和 HPMC 则具有温敏性。因此，这三种衍生物均得到广泛的应用，且值得进一步研发。

羧甲基纤维素钠可溶于水，形成的膜脆、耐水性差[23]。CMC-Na 与 PVA 进行溶液共混，得到机械强度提高而气体和水分透过率较低的膜[24]。在自由基引发下，羧甲基纤维素钠与亲水性乙烯基单体丙烯酸、交联剂 *N,N*-亚甲基二丙烯酰胺以及硅镁土发生接枝共聚、化学交联和复合，得到羧甲基纤维素钠基高吸水性树脂[25]。

纤维素的醚化衍生物羧甲基纤维素钠和甲基纤维素可溶于水，选用它们为原料，可在水介质中进行纤维素的功能化改性，赋予其某些特性，从而间接地利用纤维素。这一策略不需要用到特殊的溶剂，和前述可再生高分子研发思路接近，是可取的。于是，我们对它们进行物理改性，达到与其他材料性能互补的目的。此外，通过化学反应，将其结构单元上的羟基转化为其他基团，赋予纤维素某些特性。

4.2 羧甲基纤维素钠基可再生高分子的构建

羧甲基纤维素钠(CMC-Na)溶于水，所含羧基亲水性强、其电离平衡受溶液pH变化影响，具有酸敏性。形成网络之后，便是一类pH-响应性水凝胶。通常用于羧甲基纤维素钠化学交联的 *N,N*-亚甲基二丙烯酰胺或戊二醛等交联剂往往有毒，残留有交联剂的羧甲基纤维素钠基材料不适合用于医用或食品领域。物理交联可以避免这种不良影响，且可以根据需要方便地得到不同形态的材料。

4.2.1 CMC-Na/PVA 复合凝胶

(1) 设计

要解决的问题：CMC-Na 的水溶液经物理交联形成水凝胶。

思路：聚乙烯醇(PVA)的水溶液经反复冷冻-解冻，可形成物理交联的水凝胶。据此，羧甲基纤维素钠(CMC-Na)与 PVA 的混合溶液经两次冷冻-解冻过程，得到 CMC-Na /PVA 物理交联复合水凝胶。在 CMC-Na/PVA 复合水凝胶中，存在一定尺寸的 PVA 微晶；由于 CMC-Na 与 PVA 具有较好的相容性，所以在 PVA 微晶区存在一定量的 CMC-Na 分子链，它们之间通过氢键作用缠绕在一起，形成物理交联点(图 4.2)。

改变 CMC-Na 和 PVA 的投料比，复合凝胶的结构及性能将相应变化。随着CMC-Na 含量的增加，复合凝胶的结晶度降低，物理交联密度减小，凝胶的再溶胀性提高；同时，对于环境 pH 的敏感性增强。形成凝胶的条件相当温和，因此，CMC-Na/PVA 复合凝胶可用作牛血红白蛋白(HB)等水溶性药物的载体。实验表明，复合凝胶中的 HB 没有失活。由于 CMC-Na/PVA 复合凝胶的交联密度低于PVA 水凝胶，HB 从复合凝胶中释放的速率高于从 PVA 水凝胶中释放的速率，并可以通过改变 CMC-Na 的含量来加以调节[26]。

(2) 制备

按照 0、30%、40%、50%和 60% CMC-Na 的质量比例，称取 CMC-Na、PVA 共 1 g，加入 20 mL 蒸馏水，加热、搅拌至完全溶解，继续加热浓缩至含水 15 g 左右，冷却，加入 0 g 或者 0.2 g HB，然后分装于适当的模具中。放入冰箱(–15℃)

冷冻10 h，取出，置于25℃的恒温箱中2 h，重复两次，得到水凝胶。置于37℃的真空干燥箱中干燥至恒重，得干凝胶。

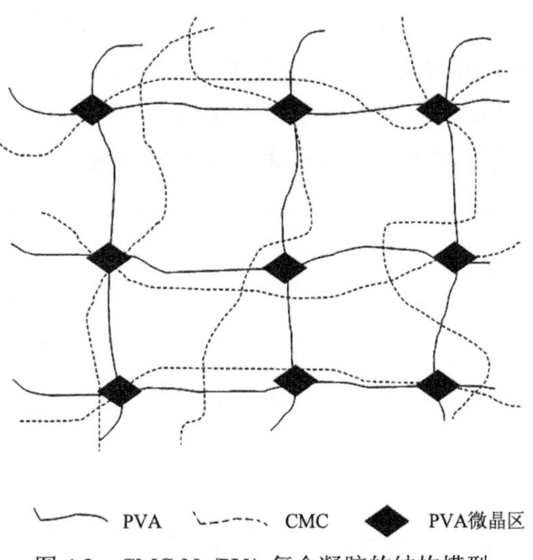

图4.2　CMC-Na/PVA复合凝胶的结构模型

(3) 性质

如前所言，由于结晶和分子内/间氢键，PVA经冷冻-解冻形成物理交联的水凝胶。由于CMC-Na分子链上存在大量的羟基和羧基，可与PVA的羟基形成分子间氢键。而这种分子间氢键会阻碍PVA自身分子内或自身分子间氢键的形成，影响PVA的成核作用和晶体的生成，使得CMC-Na/PVA复合凝胶的结晶度下降。CMC-Na含量越高，复合水凝胶的结晶度越低(图4.3)。图中结晶度是由广角X射线衍射(WAXD)分析测得相应的曲线，并进行拟合分析而得到的。

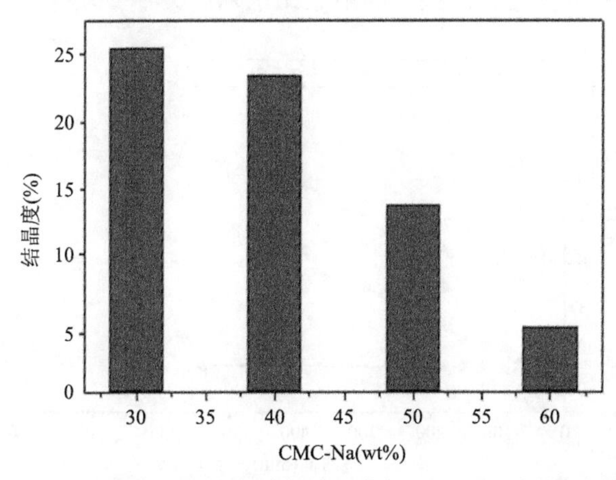

图4.3　CMC-Na/PVA复合凝胶的结晶度与CMC-Na含量之间的关系

由 CMC-Na/PVA 复合水凝胶的示差扫描量热法(DSC)分析曲线，可以求得不同样品的玻璃化转变温度 T_g。CMC-Na/PVA 复合水凝胶的 T_g 随着 CMC-Na 含量增加而提高(图 4.4)。CMC 含量增加，与 PVA 分子链形成更多的氢键，相互作用增强，使得 PVA 分子链的链段运动较为困难，需在较高的温度下才能运动，故 T_g 也就提高了。当 CMC-Na 的质量分数从 0 增大到 50%时，T_g 从 78.5℃增大到 83.2℃。这与上述有关结晶度的实验结果与分析相一致。

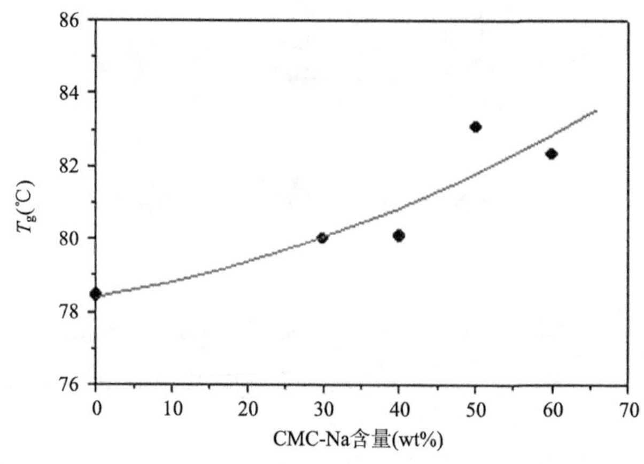

图 4.4　CMC-Na/PVA 复合凝胶的 T_g 与 CMC-Na 含量之间的关系

图 4.5 显示出 CMC-Na/PVA 复合水凝胶的溶胀比，既受其组成的影响，还与介质的 pH 有关。纯 PVA 凝胶的溶胀与溶液的 pH 无关，而 CMC-Na/PVA 复合水凝胶置入 pH=1.2 的盐酸溶液 2h，再转入 pH=7.4 的磷酸盐缓冲溶液，凝胶在两个阶段的溶胀比差别明显，呈现出明显的 pH 敏感性。此外，CMC-Na 的含量越高，所含亲水的可解离羧基越多，凝胶的溶胀比也越高。

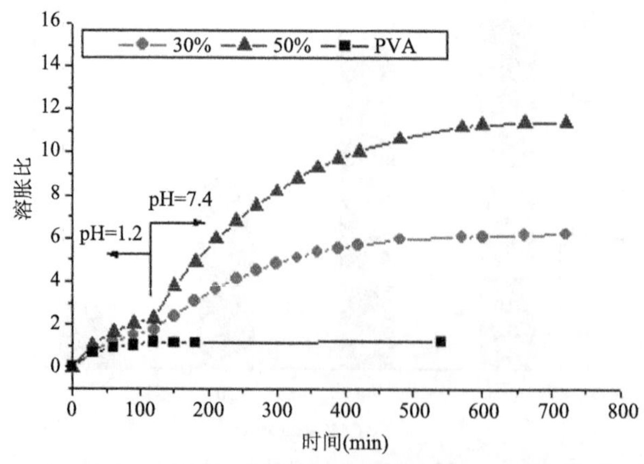

图 4.5　CMC-Na/PVA 复合凝胶的溶胀比与 CMC-Na 含量之间的关系

CMC-Na/PVA/HB 凝胶样品置于 37℃的磷酸盐缓冲溶液(PBS 0.1 mol/L，pH 7.4)中，前 10 min，HB 以较快的速率释放。然后，释放速率逐渐缓慢下来，40 min 左右释放完毕。而且，随着 CMC-Na 含量的增加，HB 的释放速率加快(图 4.6)。这同 CMC-Na 含量对 CMC-Na/PVA 复合水凝胶溶胀性能的影响相一致。CMC-Na 的引入，利于复合凝胶的再溶胀，从而使 HB 的扩散与释放易于实现。实验还发现，HB/PVA 凝胶在同样的温度和介质中置放 24 h，由于 HB/PVA 干凝胶的再溶胀性能较差，分子量较大的 HB 从 PVA 凝胶中扩散到溶液中的速率很慢，样液在 405.5 nm 处的紫外吸收值为 0，即 HB 未释放。此外，由于 HB 遇酸变性，将 CMC-Na/PVA/HB 凝胶样品置于盐酸溶液中，30 min 内即发现 HB 的紫外吸收峰已经偏离 405.5 nm 处，说明 HB 不适合用作酸敏模拟药物。

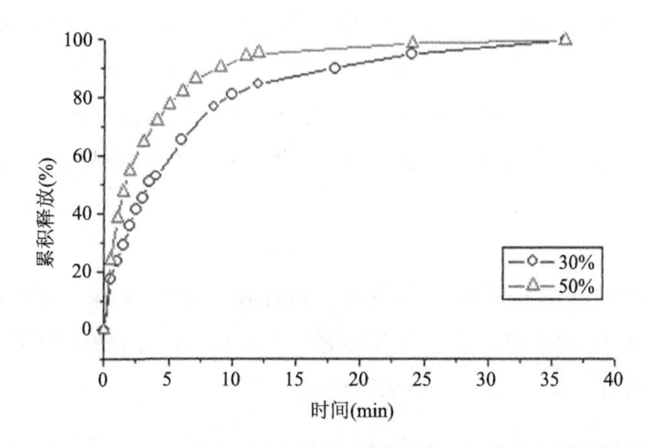

图 4.6　CMC-Na/PVA/HB 复合凝胶的释放曲线(pH 7.4 的缓冲溶液，37℃)

4.2.2　CMC-Fe/PVA 复合微凝胶

(1)设计

要解决的问题：上述过程制得的是块状水凝胶，而某些场合(如作为药物控制释放载体)则可能需要微凝胶。

思路：一般地，由乳液分散法可获得小尺寸(毫米至微米级)的材料。但在实验中发现，CMC-Na 与 PVA 混合溶液即便形成了很好的乳液分散体系，在冷冻过程中也会自动地黏结在一起，形成糊状黏稠物质，无法通过冷冻-解冻法制备 PVA/CMC-Na 凝胶微粒。

羧甲基纤维素钠分子链上的羧基，还具有一个特性：与三价铁离子形成螯合物。因此，往乳液分散的 CMC-Na 与 PVA 混合液中加入铁离子之后，形成含有

PVA 水溶液的 CMC-Fe 离子交联网络。接着，经三次冷冻-解冻循环，PVA 发生物理交联，形成了双网络结构，得到具有一定强度的微米级 CMC-Fe/PVA 凝胶粒子。由于尺寸小，载药 CMC-Fe/PVA 凝胶微粒表现出较块状 CMC-Fe/PVA 凝胶灵敏的 pH 响应性，且其再溶胀行为与 CMC 含量有关[27]。整个过程仍然在温和条件下实施，故 CMC-Fe/PVA 凝胶微粒也可用于蛋白质的控制释放。

这里，水溶性聚合物和铁盐的引入，赋予羧甲基纤维素钠特定的形态和性能，方法简单、条件温和，可以适应各种应用场合。

(2) 制备

按 CMC-Na 占 30%、40%、50%、60%和 70%的质量比例，准确称取 CMC-Na、PVA 共 0.3 g，加入 8 mL 蒸馏水，加热溶解，冷却，加入 0 g 或者 0.1 g HB，在搅拌下，将水溶液滴入装有 0.3 g 十二烷基苯磺酸钠(SDBS)和 24 mL 石油醚混合液的 250 mL 三颈瓶中，待其分散均匀，再滴加 20 mL 3% $FeCl_3$ 溶液，搅拌 30 min，将溶液倒入烧杯中，置入超声仪中超声处理 2 h，然后在–15℃下冷冻 20 h，室温下放置 4 h，如此循环三次，抽滤，干燥至恒重，得粒状 CMC-Fe/PVA 复合微凝胶。

(3) 性质

CMC-Fe/PVA 水凝胶微粒的分散液，直接在金相显微镜下观察，可以看出，Fe-CMC/PVA 凝胶微粒的形状是不规则的[图 4.7(a)]。由激光粒度分布仪测得，凝胶微粒的粒径在 0.1～1.2 μm[图 4.7(b)]。

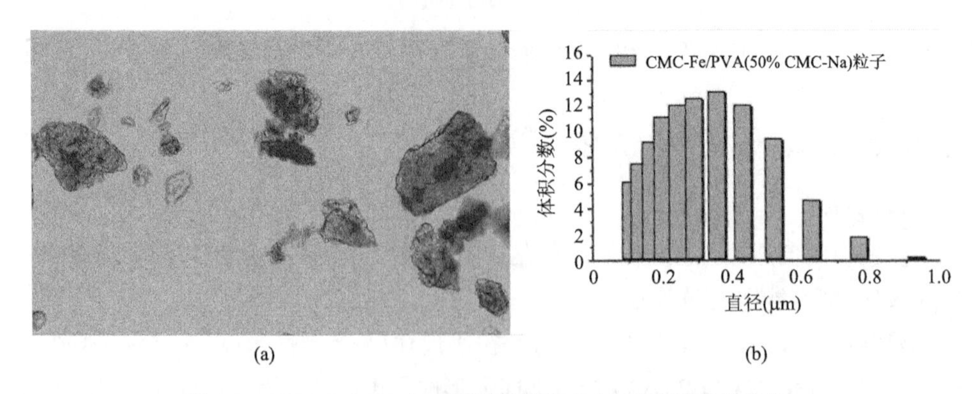

图 4.7　CMC-Fe/PVA 复合微凝胶的形态(a)及其粒径分布(b)

载 HB 的 CMC-Fe/PVA 凝胶，其释放速率与样品的形状有关：微粒的比表面较大，释放 HB 的速率也较高(图 4.8)。而且，随着 CMC-Na 起始投料量的增加，亲水基团羧基增多，HB 的释放速率随之提高。

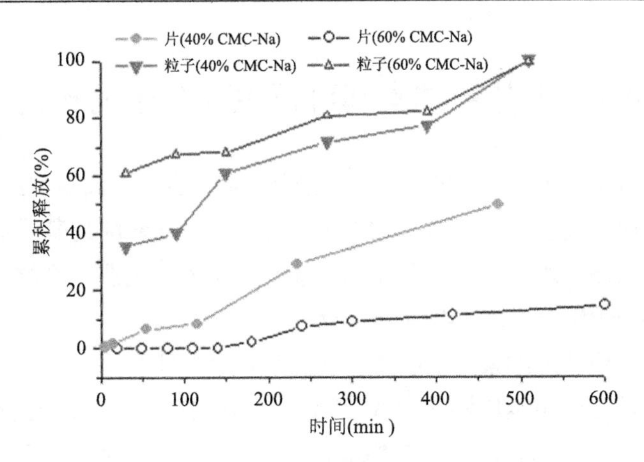

图 4.8　载药 CMC-Fe/PVA 复合微凝胶的释放曲线(pH 7.4 的缓冲溶液，37℃)

如图 4.9 所示，载 HB 的 CMC-Fe/PVA 微凝胶和块凝胶，在 HCl 中均没有检测到 HB 的释放，应该是释放出来的 HB 失活了。载药微凝胶对介质较为敏感，在酸中羧酸根快速转变为羧基，粒子紧缩，其中的 HB 被复合凝胶所保护，得以在 PBS 中再度释放。而且，CMC-Na 投料比越高，HB 存活量越多，pH-响应更为明显。块状载药凝胶较不敏感，所含的 HB 在酸中损失较多，后期的释放量也就较低，几乎不表现出 pH-响应性。

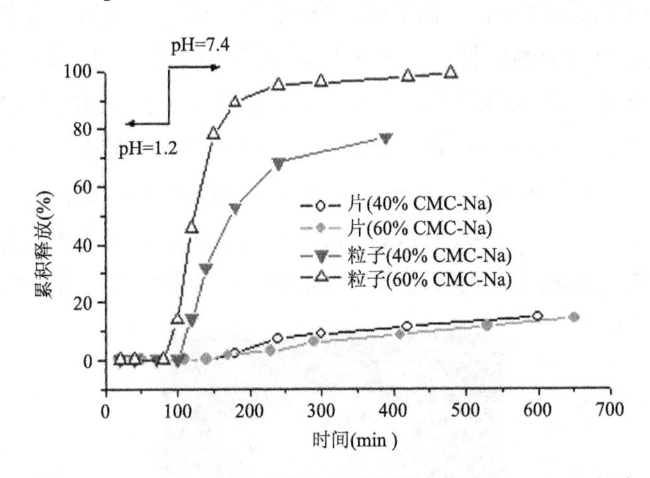

图 4.9　载药 CMC-Fe/PVA 复合凝胶的释放曲线(分别在 HCl、PBS 中，37℃)

由上述可知，利用 PVA 的物理交联特性、乳液分散、离子交联以及双网络等基本概念，可以由羧甲基纤维素钠得到多种功能性凝胶。同样的组分、相同的组成，却可以通过尺寸的改变，而达到显著改变其响应性的目的。

4.3　甲基纤维素基可再生高分子的构建

纤维素经碱溶液处理后，羟基的氢被烃基取代，成为非离子型纤维素烷基醚。当烃基为甲基时，得到甲基纤维素(MC)。按理，纤维素烷基醚的疏水性要高于纤维素，应当不溶于水。不过，正是由于烃基的引入，削弱了纤维素的结晶性和分子内/间相互作用，低温下 MC 可溶于水。

当温度低于甲基纤维素的低临界溶解温度(LCST)时，水分子通过氢键作用聚集在 MC 分子链上的甲基周围，形成溶剂笼(水化层)，MC 分子链不发生聚集。温度升高至 50℃以上时，溶剂笼结构遭到破坏，暴露出的甲基相互之间发生疏水性作用，分子链互相靠近，体系发生相分离，MC 分子链之间形成网络结构，得到热可逆凝胶。换言之，MC 与水在低温形成溶液，较高温度时凝胶化，呈现反向温敏特性。常温下，MC 的水溶液形状不固定，又如何加以应用呢？

4.3.1　MC/PVA 复合凝胶

(1) 设计

要解决的问题：MC 水溶液经物理交联形成水凝胶。

思路：如上所述，PVA 水溶液经冷冻-解冻循环形成凝胶，受热后凝胶转化为溶液，即表现出正向温敏特性。PVA 物理凝胶在常温下有固体的属性，便于储运、操作，可弥补 MC 水溶液形状不定的不便。也就是说，MC 和 PVA 的结合将显示出有趣的性质。MC/PVA 混合溶液经过三次冷冻-解冻循环，生成 MC/PVA 复合水凝胶，MC 以水溶液的形式分散于 PVA 物理交联网络中。将 MC/PVA 复合水凝胶置于 80℃热水中一段时间，MC 水溶液发生了溶液-凝胶转变，得到 MC/PVA 双网络复合凝胶，具有因模具而定的外形(图 4.10)。若将此凝胶于 80℃

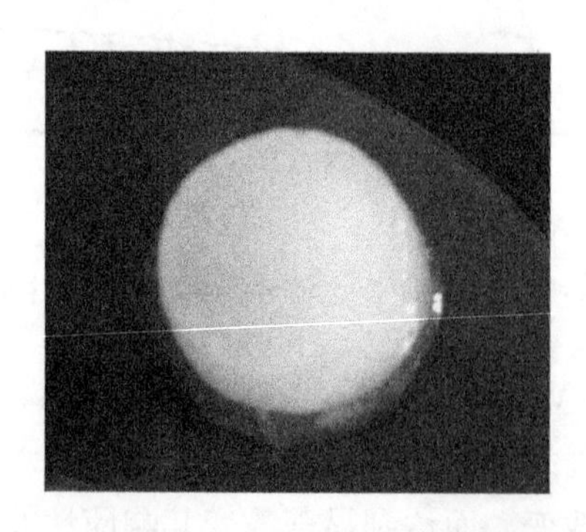

图 4.10　预定形状的 MC/PVA 复合水凝胶

热水中置放足够长的时间，MC/PVA 双网络复合凝胶受热，物理交联的 PVA 凝胶瓦解，而 MC 分子链上的甲基更加裸露，疏水作用使链间聚集更加紧密，仍呈凝胶状。若接着降低温度，MC 发生反向的溶液-凝胶转变，恢复初始的混合溶液。MC 和 PVA 正、反向温敏特性的组合，实现了多重、可逆的溶液-凝胶转变[28]。

(2) 制备

称取一定量的 PVA，加入 10mL、温度为 90℃的蒸馏水中，搅拌至完全溶解，然后降温至 70℃，按 0、60%、50%和 45%的质量比例趁热加入 MC，充分搅拌，使 MC 均匀分散在 PVA 水溶液当中，再加入 6 mL 冷水，继续搅拌降温，直至混合溶液变透明，再将黏稠的混合溶液在 4℃冷藏 12 h，以保证 MC 完全溶解、溶液中的气泡完全除去。接着，将混合溶液倒入模具中，于–15℃冷冻 12 h，然后在室温下解冻 5 h，如此经过三次冻-融循环过程，制得复合水凝胶样品。

(3) 性质

MC 水溶液中存在 MC 分子与水分子之间的氢键作用、范德瓦耳斯力以及疏水作用。改变温度，这三种作用力随之变化，造成 MC 溶液发生可逆溶液-凝胶相转变现象。这三种作用力，还将因第二组分的加入而变化，导致相转变温度偏离纯 MC 的 LCST。由于 PVA 的引入，PVA 分子链上大量羟基的亲水作用与 MC 分子-水形成封闭结构之间相互竞争，导致在较低温度下产生疏水缔合作用，表现为凝胶转变温度降低(图 4.11)。由图可知，吸热峰向左移动，MC、PVA 混合溶液转变为 PVA 溶液@MC 凝胶。而且，PVA、MC 混合溶液的相变温度依赖于其组成。也就是说，改变 MC/PVA 混合溶液中的组分比例，可调控混合溶液的 LCST，其范围在 39.0～60.8℃。当 MC/PVA 比例为 45/55 时，混合溶液的 LCST 降到最低值 39.0℃，接近体温。

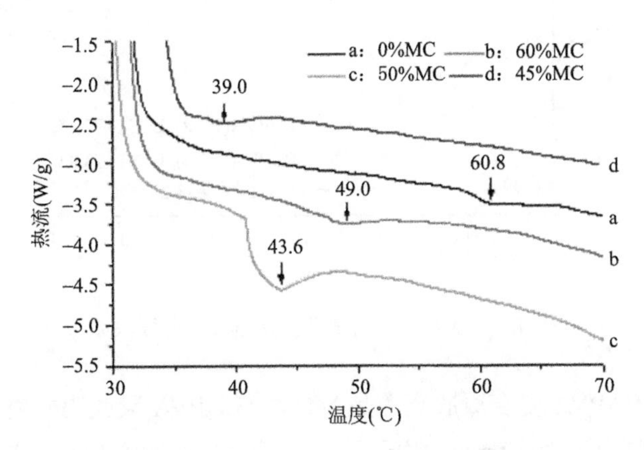

图 4.11　MC、PVA 混合溶液的 DSC 曲线

尽管 MC、PVA 混合溶液的 LCST 可通过改变 PVA 加入量而加以调控，但是混合溶液的形状不确定，使其应用受到一定的限制。利用 PVA 的特性，由温和的冻融法，可将 MC、PVA 混合溶液转变为 MC/PVA 复合水凝胶(图 4.12)。复合凝胶是在低温形成的，可视为 MC 溶液@PVA 凝胶，升温将转变成 MC 凝胶/PVA 凝胶。由 MC/PVA 凝胶在 60～80℃的溶胀比可知，复合水凝胶的 LCST 随着 MC 质量比值的增大而降低(图 4.13)，这当然是 PVA 在该温度范围发生物理交联所致。可以预计，当 MC 含量足够高时，MC 的相转变有可能观察到。DSC 分析表明，MC 和 PVA 质量相近的复合凝胶发生可逆相转变，在 MC/PVA 质量比为 45/55 时，复合水凝胶的 LCST 达到最低，为 42.8℃。此值高于相同组成 MC/PVA 混合溶液的 LCST，说明复合凝胶的结构和相转变机理不同于相应的溶液。

图 4.12　MC、PVA 混合溶液(a)及其相应的复合水凝胶(b)

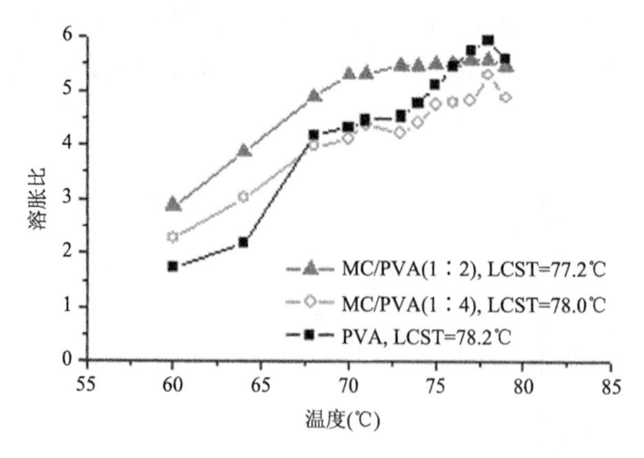

图 4.13　MC/PVA 水凝胶的溶胀比-温度关系

常温下，MC/PVA 复合凝胶真的是 MC 溶液@PVA 凝胶吗？将 MC/PVA 湿凝胶置于无水乙醇中浸泡 30 min，由于无水乙醇强烈的脱水作用，复合凝胶中游离的MC水溶液被脱出凝胶，无水乙醇变混浊。经低温干燥之后，用电镜观察到复合水凝胶除去MC后的断面出现孔洞，且孔洞的尺寸与MC含量有关(图4.14)。因此，可以认为MC确实是以溶液的形式存在于PVA凝胶之中，两组分之间通过氢键、分子链缠绕等相互作用而使得MC均匀分散于整个凝胶，不会发生聚集而导致宏观相分离。相形之下，MC、PVA 混合溶液静置之后，出现明显的分层。换言之，PVA凝胶可作为MC溶液发生可逆相转变的一种别致的装置。

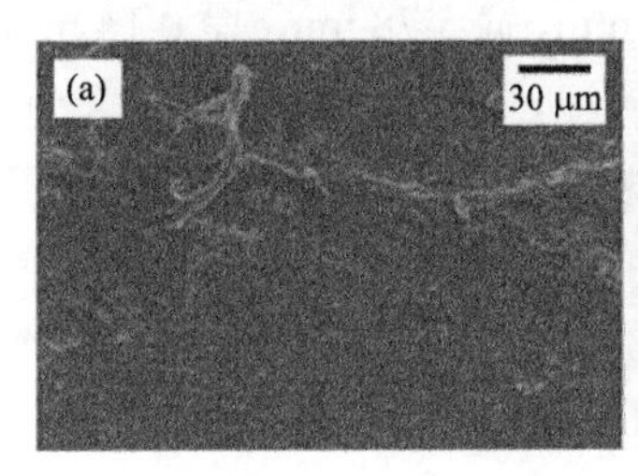

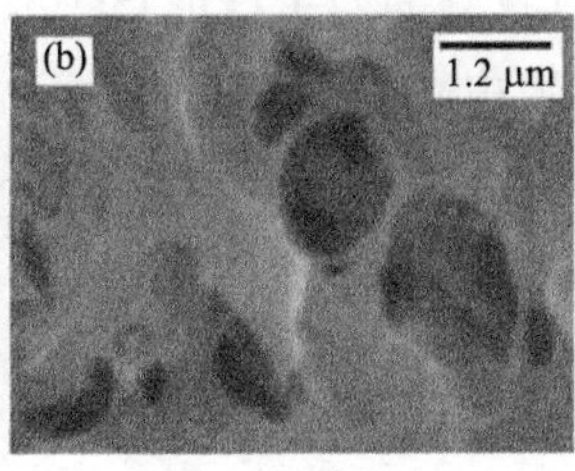

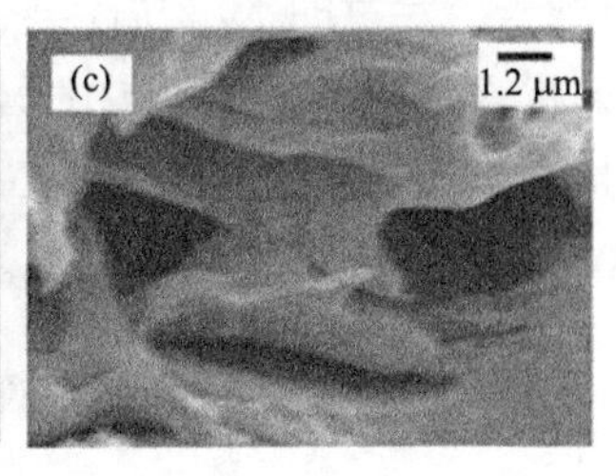

图4.14 MC/PVA的扫描电镜图

(a) 0 wt% MC，(b) 20 wt% MC，(c) 30 wt% MC

MC/PVA复合凝胶在温和条件下形成，适宜于用作包括易变活物质等的载体。载淀粉酶MC/PVA复合湿凝胶样品在30℃和50℃下、PBS中的释放行为如图4.15所示：30℃下，在湿凝胶内外淀粉酶浓度差的驱动下，淀粉酶从凝胶释放到介质中，但释放的淀粉酶只有20%左右，可能是凝胶表层所含酶扩散出来的结果。温度升高到50℃之后，分子热运动加剧，利于酶的扩散与释放。更重要的是，此时温度高于复合凝胶的LCST，MC分子链上的疏水基团起主要作用，转变成MC

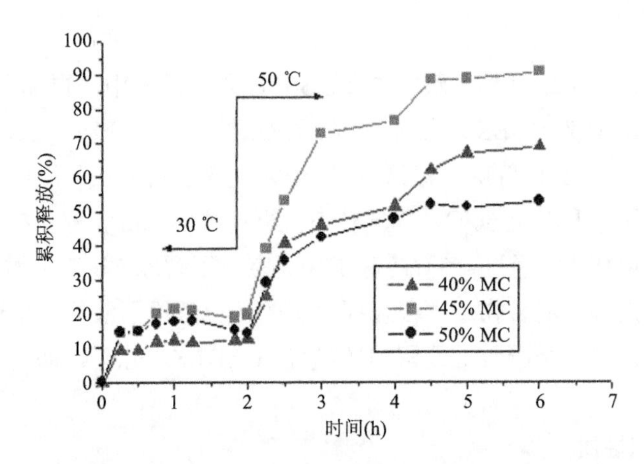

图4.15 载淀粉酶MC/PVA复合水凝胶的释放曲线(0.1 mol/L、pH 7.4 PBS中)

凝胶，内部孔隙明显增大，淀粉酶更易于向介质扩散，并随着时间的延长而逐渐被释放出凝胶外。可见，载淀粉酶复合凝胶的释放行为具有明显的温敏特性。此外，由于复合凝胶的 LCST 与 MC 含量有关，含 45wt% MC 复合凝胶的 LCST 低于含 40wt%和 50wt%MC 复合凝胶的 LCST；50℃下，凝胶内部的孔最大。因此，淀粉酶的释放速率最快、释放量最大。

由于含有具有优良机械性能的 PVA，MC/PVA 复合水凝胶在室温下适当晾干(脱去一定量的水)之后，具有较好的力学性能(长 40 mm、宽 5.78 mm、厚 0.14 mm 的哑铃状样条，室温下由万能实验机进行拉伸测试，取四个样条的平均值)：含水 18.7%、MC 含量 50%的 MC/PVA 凝胶的拉伸强度和断裂伸长率分别为 7.67 MPa±0.28 MPa 和 27.80%±4.71%。

4.3.2 MC/PVA 复合微凝胶

(1) 设计

要解决的问题：小尺寸 MC/PVA 复合水凝胶的制备。

思路：上述过程制得的是块状 MC/PVA 复合水凝胶。如前所述，微凝胶(或水凝胶微球)的比表面远大于宏观尺寸的凝胶，微凝胶对环境变化的响应速率要比宏观尺寸的凝胶(或称宏凝胶)快得多。前面说过，CMC-Na 与 PVA 混合溶液能够形成乳液分散体系，但无法通过冻融法得到 PVA/CMC-Na 凝胶微粒，要得到微凝胶，需要添加铁盐作为离子交联剂。在此，提出一种简便的实验过程，可使 MC、PVA 混合溶液经分散和成型两步，不需加入交联剂，即由冻-融法制备出 MC/PVA 复合凝胶微粒。

(2) 制备

称取一定量的十二烷基苯磺酸钠(SDBS)加入三颈瓶中，再加入 50 mL 的环己烷，搅拌 30 min，使 SDBS 均匀分散，将预先配好的 MC/PVA 混合溶液(含 0 mL 或 3 mL 5×10^{-6} mol/L 的吖啶橙溶液)，用玻棒慢慢引流入三颈瓶中，提高转速，搅拌 30 min，然后升温至 60℃，降低转速，再搅拌 30 min，停止搅拌，将三颈瓶内的液体倒入烧杯中，经过–15℃冷冻 12 h、室温下解冻 5 h 三个循环，得到复合微凝胶和乳化剂等的混合物。倾去烧杯上层的环己烷澄清液体，用适量 95%乙醇快速洗涤多次，除去微凝胶上残留的环己烷和 SDBS，晾干，即得粉末状微凝胶颗粒。

(3) 形态和性质

由分散-成型两步法制得的 MC/PVA 复合微凝胶，其电镜观察结果如图 4.16 所示。样品在电镜观察之前经过干燥处理，图中复合微凝胶不呈完整球形，微凝胶的表观形态尤其与 MC 投料量紧密相关。当 MC 含量较少时，在高于其 LCST 的 60℃下受热，MC、PVA 混合水溶液中疏松的 MC 链相互缠结，作为初级粒子成核，并逐渐形成分散的粒子。粒子形成之后，由于 PVA 含量较高，经过冻-融循环之后，形成了内部是 MC 水溶液，外表致密光滑的复合核-壳结构微凝胶，且粒径较大。所得复合微凝胶形状规整，表面光滑。MC 含量逐渐增加时，MC、PVA 混合溶液的黏度随之增大，60℃水浴热处理时，MC 链之间发生缠结的同时，也将发生 MC 链与 PVA 分子链的缠结，难以进行粒子的生长，经过冷冻-解冻之后，由于 PVA 含量较少，难以形成紧密的交联网络结构，表层的 MC 也被洗脱，凝胶表面孔隙增多，形状变得不规则。当 MC 含量与 PVA 相等时，由于溶液的黏度实在太大，很难均匀分散开，形成无规则凝胶粒子。

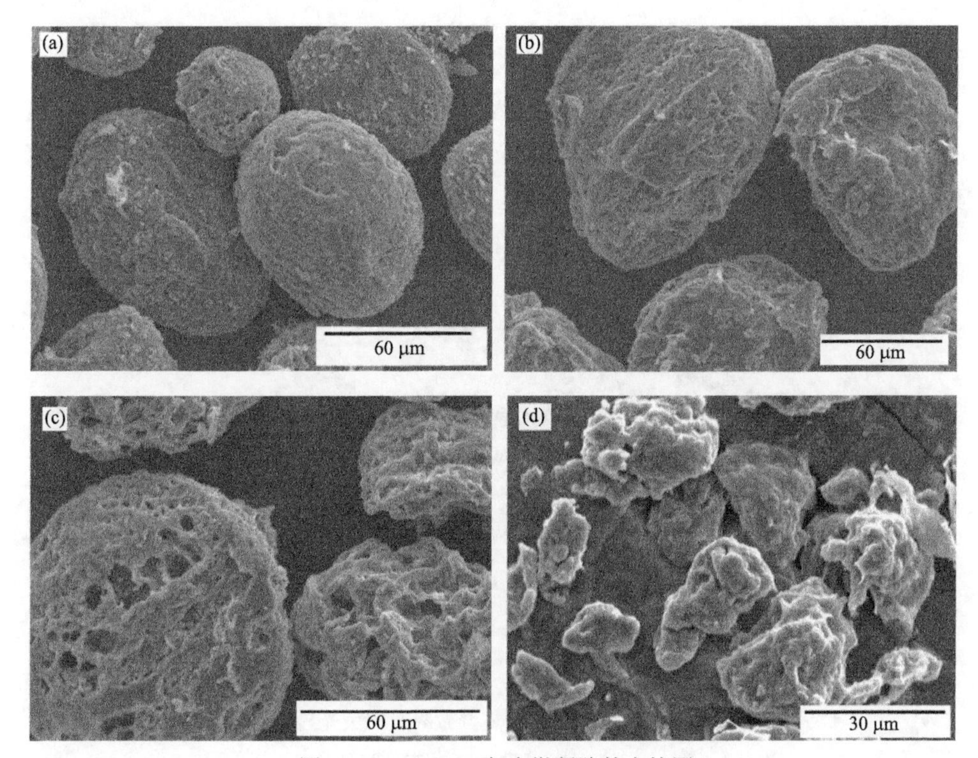

图 4.16　MC/PVA 复合微凝胶的电镜图

(a) 20，(b) 40，(c) 45，(d) 50

MC 含量(wt%)

由激光粒度分析仪对充分溶胀的 MC/PVA 复合凝胶进行粒径分析，发现复合凝胶颗粒的平均粒径在 70～100 μm(图 4.17)，证实了两步法制得的颗粒为微凝胶；而且微凝胶的粒径，可以通过 MC 与 PVA 的比例加以调控。

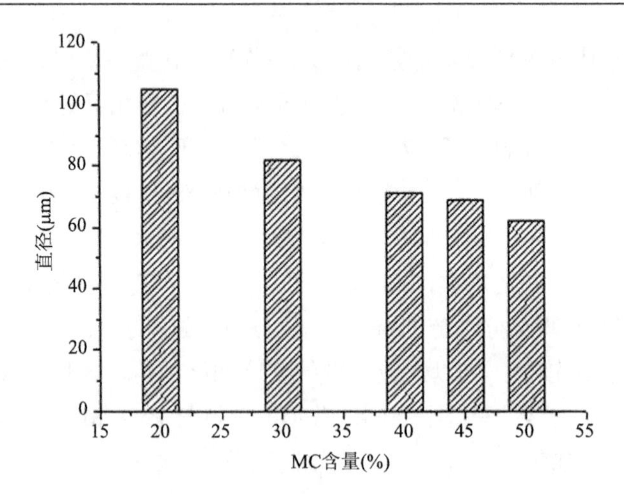

图 4.17　MC/PVA 复合微凝胶粒径与 MC 含量的关系

以吖啶橙为模拟药物的体外释放行为表明，MC/PVA 复合微凝胶具备温敏性。如图 4.18 所示，吖啶橙均匀地分散在复合微凝胶中，说明分散-成型两步法可有效地包载模拟药物。

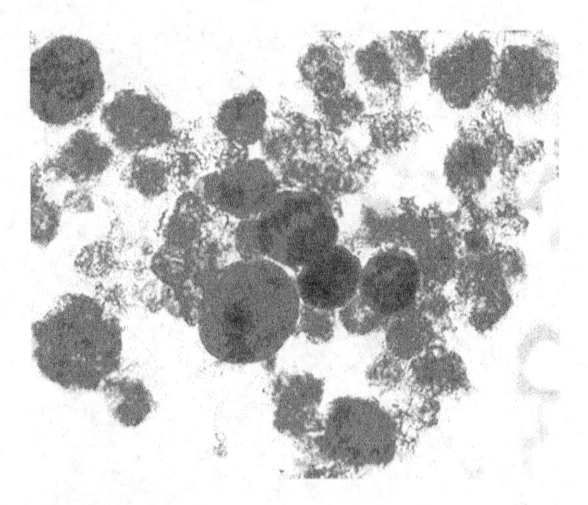

图 4.18　载吖啶橙 MC/PVA 复合微凝胶的荧光显微镜照片

（入射光波长：530.0nm，放大 600 倍）

DSC 分析表明，虽然 MC 含量较少时，能形成形状规整的微球，但是含量太少，无法检测到其热转变；MC 含量为 40%和 45%时，发现其 DSC 曲线有一定的转折(图 4.19)，转折处的温度高于块状 MC/PVA 复合微凝胶的转变温度。由于在微凝胶后处理过程中，部分游离的 MC 分子被洗去，导致热转变信号较为微弱并向高温端位移。另外，可能是由于微凝胶的比表面积大，升温过程中大部分水分挥发，导致在降温过程中测不到 LCST。不过，微凝胶常常是在溶胀状态下使用的。所以，仍然可以预期适当比例的 MC/PVA 复合微凝胶具有温敏特性。

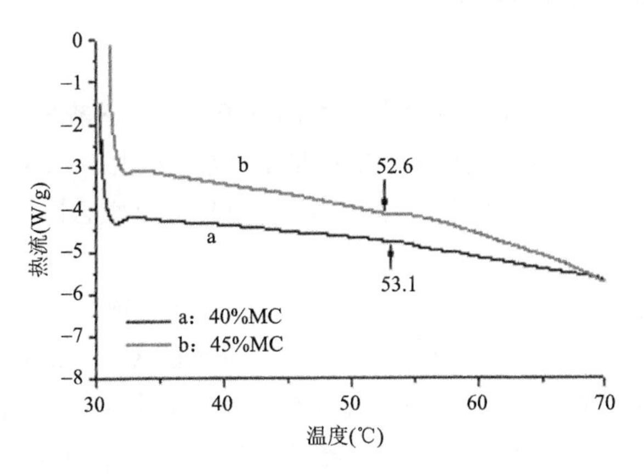

图 4.19　MC/PVA 复合微凝胶的 DSC 曲线

载吖啶橙复合微凝胶在不同温度下的释放如图 4.20 所示，对于不同 MC 含量的复合微凝胶，温度升高利于凝胶溶胀，吖啶橙因而不断释放；温度足够高时，MC 链表现出疏水作用，并随着温度的升高而加剧，阻缓了吖啶橙的释放速率，呈现出释放量达到最大值后逐渐降低。当 MC 和 PVA 含量接近时，温度升高既利于 PVA 凝胶链段的松弛，也促使复合微凝胶内 MC 液的热转变，提供了更多的自由体积，从而加快吖啶橙的释放。因此，含 45% MC 的复合微凝胶的吖啶橙释放速率高于含 40% MC 的复合微凝胶。由上述现象还可以得出，MC/PVA 复合微凝胶具有温敏特性。

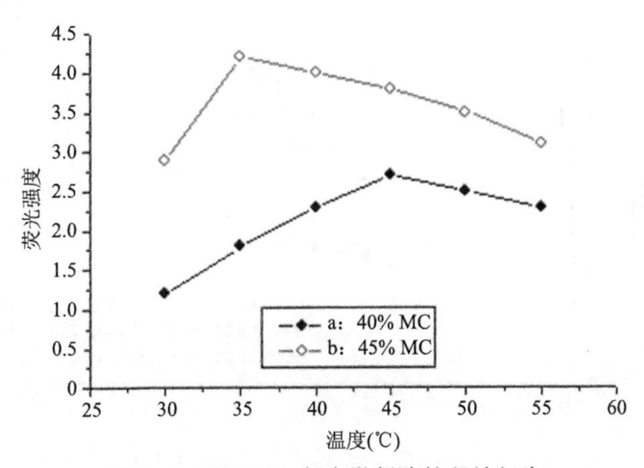

图 4.20　MC/PVA 复合微凝胶的释放行为

上述 MC/PVA 复合宏凝胶或微凝胶，利用 PVA 的特性，赋予 MC 温敏性操作之便利。那么，还能不能再赋予 MC/PVA 复合凝胶其他功能呢？

4.3.3　MC/PVA/SA 复合微凝胶

(1) 设计

要解决的问题：MC 和 PVA 都是中性高分子，不具备酸敏特性。

思路：具有多重敏感性的水凝胶能满足多种环境变化，在 MC/PVA 复合微凝胶中引入海藻酸钠(SA)，可制备出具有温度和 pH 双重敏感性的微凝胶。

(2) 制备

按照 40∶60∶20 或 45∶55∶20 的质量比，称取一定量的 PVA，在 10 mL 的 90℃蒸馏水中充分溶解，降至 70℃，趁热加入适量的 MC，充分搅拌，使 MC 均匀分散在 PVA 水溶液中，再加入 6 mL 冷水，继续搅拌降温，至溶液变澄清，加入 3 mL 0.04 g/mL 的 SA 水溶液，搅拌均匀，按前述分散-成型两步法制得 MC/PVA/SA 三元复合微凝胶。

(3) 性能

图 4.21 是不同温度下 MC/PVA/SA 复合微凝胶的溶胀行为。由图可知，随着温度的升高，凝胶的溶胀比(SR)逐渐增大，MC 含量为 40 wt%和 45wt%(占 MC 和 PVA 总量，下同)时，出现最大值，然后逐渐下降；最大溶胀比对应的温度分别是 40℃和 42℃。当 MC 投料量为 30 wt%时，样品中 MC 的量较少，发生的热转变不明显，不出现溶胀峰。SR 达最大值的温度可视为复合微凝胶的相变温度，SA 的加入对复合水凝胶的温敏特性没有产生本质上的影响，但改变了原来 MC/PVA 复合水凝胶中的亲水/疏水平衡，结果三元复合水凝胶的 LCST 不同于二元凝胶。

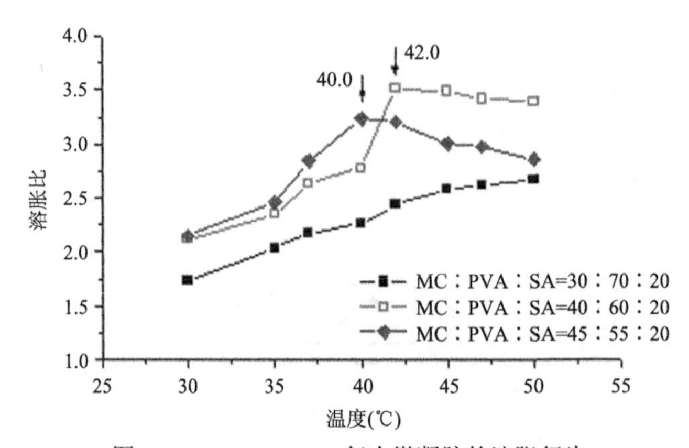

图 4.21　MC/PVA/SA 复合微凝胶的溶胀行为

三元复合微凝胶在不同 pH 的介质中，溶胀行为存在明显的差异(图 4.22)，这表明引入 SA 达到了赋予复合微凝胶酸敏性的目的。在 pH 1.2 的盐酸溶液中，MC/PVA/SA 微凝胶在 30 min 左右快速溶胀，约 1 h 达到溶胀平衡；转入 pH 7.4 的磷酸盐缓冲溶液之后，SA 分子链上的部分—COOH 基团发生解离，转化为—COO^-，这时分子链之间的斥力起主导作用，凝胶的网络被撑开，导致凝胶的 SR 急剧增大，表现出明显的酸敏性。

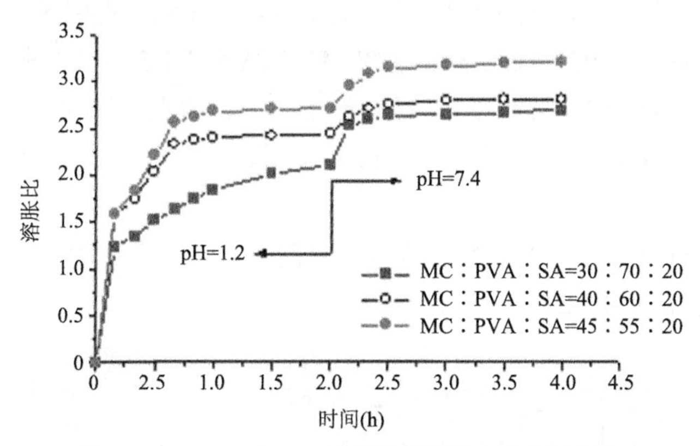

图 4.22　MC/PVA/SA 复合微凝胶的酸敏溶胀行为

至此，采用的构建方式都是物理过程。当然，还可以由化学途径研发甲基纤维素基可再生高分子。

4.3.4　阴离子型羧化甲基纤维素

甲基纤维素是纤维素中葡萄糖结构单元上的部分羟基为—OCH_3 基团取代而得到的，取代度一般在 1.5～2.0。也就是说，MC 分子链上尚存在一定量的羟基。因此，MC 还可以通过羟基的化学反应引入功能基团或片段。例如，甲基纤维素和酸酐发生酯化反应，中性的 MC 转化为含有羧基的阴离子型甲基纤维素或含有碳-碳不饱和双键的大单体，它还可以继续转化为新的聚合物。

1.　CLMC/PVA 复合水凝胶

(1) 设计

要解决的问题：将中性的 MC 转变成聚阴离子。

思路：MC 和马来酸酐(即顺丁烯二酸酐，MA)发生酯化反应，MC 转化为阴离子型羧化甲基纤维素(CLMC)。增多马来酸酐的投料量，可以在一定范围内改变 CLMC 的羧基含量(6.5%～13.6%)。CLMC 不仅保持了 MC 固有的溶液-凝胶相转变性质，还呈现出阴离子聚电解质的性质。

(2) 制备

称取一定量的 MC，与 *N,N*-二甲基乙酰胺(DMAc)按 MC∶DMAc=1∶20 的比例混合，搅拌至 MC 充分溶解。马来酸酐(MA)和吡啶按 1∶1 的比例溶于少量 DMAc 中，MA 的量按 MC∶MA=1∶1.5、1∶2、1∶2.5 和 1∶3 调节，MA/吡啶溶液在搅拌下缓慢滴入 MC/DMAc 溶液中，混合液在 30℃的水浴下搅拌 24 h。然后，滴加 HCl 至溶液呈酸性，再用无水乙醇沉淀、提纯，干燥，得到羧化甲基纤维素。

取一定量的 CLMC，按质量比为 CLMC∶PVA=5∶5、4∶6 和 3∶7 的比例，和适量的 PVA 溶于 15 mL 水中，–15℃冷冻 21 h，室温下融化 3 h，如此循环三次，即得 CLMC/PVA 复合水凝胶，干燥，备用。

(3) 性能

如上制得的 CLMC/PVA 复合水凝胶，同时表现出可逆的温度刺激敏感性和 pH 刺激敏感性能(图 4.23)。

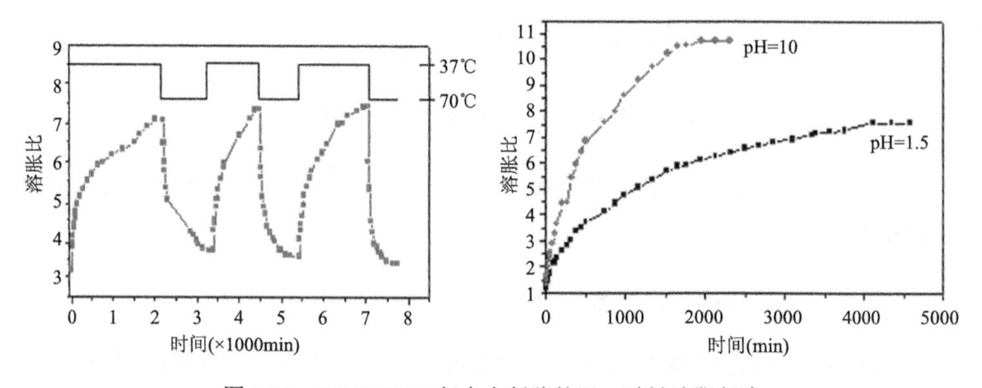

图 4.23 CLMC/PVA 复合水凝胶的温、酸敏溶胀行为

2. 两亲性共聚物 MCV

(1) 设计

要解决的问题：如何使亲水的 MC 转变成两亲性高分子。

思路：若用甲基丙烯酸酐代替马来酸酐，与甲基纤维素进行酯化反应，则得到链端含有碳碳双键的不饱和甲基纤维素衍生物 UMC，它可经 RAFT 聚合-Click 反应制备出双亲性共聚物甲基纤维素-接-聚乙酸乙烯酯(MCV)。

(2) 制备

由 RAFT 聚合制备链长可控且近于单分散的聚乙酸乙烯酯(CPVAc)：适量

(0.04～0.1 g)的小分子链转移剂 $C_2H_5OCS_2CH_2COOC_2H_5$、重结晶提纯的 0.02 g AIBN 和 7 mL 新蒸乙酸乙烯酯于试管中混合均匀，在 60℃水浴中反应一定时间，将试管放置在冰水浴中，终止聚合反应，除去未反应的单体，即得到 CPVAc。

制备不饱和甲基纤维素衍生物 UMC：将 2 g MC 加入到 40 mL *N,N* 二甲基甲酰胺(DMF)中，室温下搅拌至完全溶解。将 5 mL 甲基丙烯酸酐和 4 mL 吡啶分别溶解在 5 mL DMF 中，冰水浴下缓慢地将两种溶液混合均匀。缓慢滴加甲基丙烯酸酐/吡啶溶液到置放于冰水浴中的 MC/DMF 溶液，搅拌反应半小时，转至室温下继续搅拌反应 24 h。将反应液转移到截留分子量为 8000 的透析袋中，在去离子水中透析 48 h，对透析液进行冻干处理，得到白色絮状固体，即为产物 UMC。

由“一锅法”，通过“硫醇-烯”点击化学，将 UMC 与 CPVAc 连接起来，制得侧链链长可控的 MCV：准确称取 0.1 g UMC 和 0.4 g 链长 CPVAc，加入 15 mL DMSO，磁力搅拌至完全溶解，加入 0.05 mL 正丁胺和 0.08 mL 三乙胺，通氮气 1 h，反应 24 h。将反应液转移到截留分子量为 8000 的透析袋中，在去离子水中透析 48 h。透析液经冻干处理，得到白色絮状固体，用无水乙醇抽提 24 h，即得产物 MCV。

(3) 性能

甲基纤维素是亲水性多糖高分子，而 PVAc 是疏水性高分子。因此，MCV 表现出双亲性，在水溶液中自组装成粒径在 50～400 nm 左右的微凝胶(图 4.24)，粒径大小依赖于 MCV 侧链 PVAc 的链长[29]。

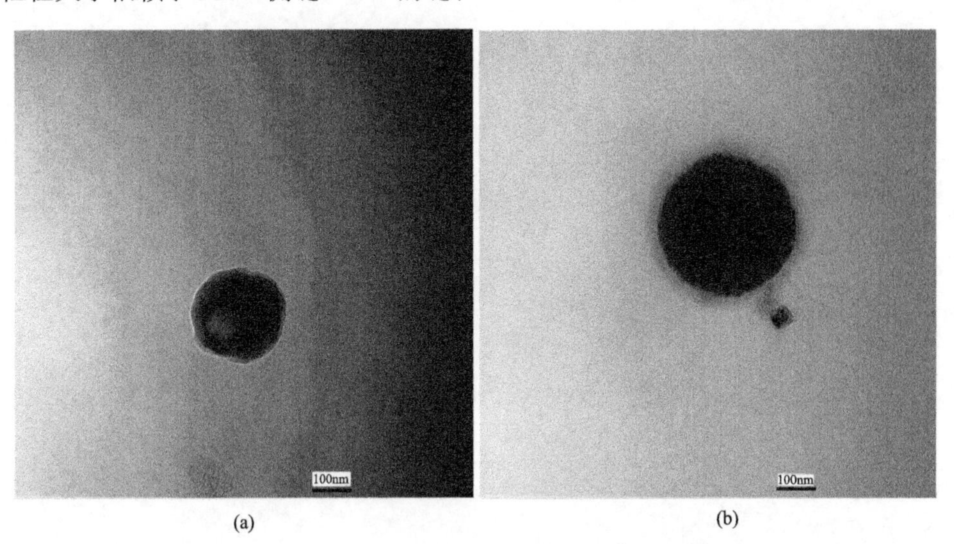

图 4.24　MCV 自组装微凝胶的透射电镜图

侧链 PVAc 的数均相对分子质量：(a) 1.8×10^4，(b) 4.9×10^4

除了上述工作外，还可以由纤维素得到哪些聚合物呢？纤维素分子链之间强的相互作用，使纤维素及其衍生物可能具备液晶性质。纤维素固有的生物相容性，使纤维素及其衍生物可能是生物医用领域的合适材料。但要在这两方面有实质和长足的进展，需要进行适当的物理或化学改性，克服纤维素的难溶、难熔等局限性。

以上是在基本保持纤维素本来骨架的基础上所做的研究。此外，纤维素可催化转化为乳酸、衣康酸和丁二酸等常见单体和其他新单体，从而获得多种多样的聚合物[30]。

第 5 章　淀粉基可再生高分子的构建

5.1　淀粉的结构和性能特点

和纤维素一样，淀粉(starch)也是由二氧化碳和水发生光合作用生成的，蕴藏于自然界多种植物的种子中，价格低廉、可再生。原淀粉由直链淀粉和支链淀粉组成，其含量和来源有关。直链淀粉由 *D*-葡萄糖单元通过 α-糖苷键和另一个 *D*-葡萄糖单元的 C-4 连接而成，支链淀粉则由 *D*-葡萄糖单元通过 α-1,6′ 糖苷键相连接构成。淀粉的规整性不如纤维素，结晶度相对较低。

直链淀粉(图 5.1)可溶于水，而支链淀粉不溶于水。淀粉经酶催化降解或酸催化水解成糊精乃至 *D*-葡萄糖。由于大量羟基的存在，链内和链间存在大量的氢键，使淀粉呈刚性，加工时往往需要添加增塑剂。分子链上含有大量羟基，使淀粉具有亲水性，并提供了反应活性点，可由此进行适当的化学反应，得到淀粉基聚合物。

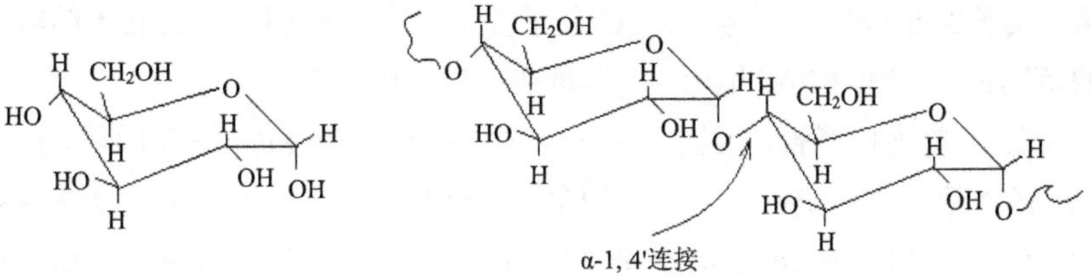

α-1, 4'连接

α-葡萄糖　　　　直链淀粉

图 5.1　直链淀粉的结构

淀粉的电中性、结晶性和刚性，使淀粉的应用受到了限制，利用分子链上羟基可能进行的反应，作者开展了一系列探讨。

5.2　淀粉-接-聚乙烯醇水凝胶

(1) 设计

要解决的问题：淀粉基聚合物水溶液经物理交联形成水凝胶。

思路：在自由基引发下，分子链上的部分羟基转化为自由基，实现了淀粉和乙酸乙烯酯(VAc)的接枝共聚。同时，用醇作为链转移剂，调节侧链 PVAc 的相对分子质量，经醇解便在淀粉分子链上引入链长可控的聚乙烯醇，再利用冻融法进行物理交联，制得侧链可调的淀粉基水凝胶[31]。

(2) 制备

取 5.0 g 可溶性淀粉与 50mL 蒸馏水混合，搅拌下加热溶解，通 N_2 10 min，加入 0.50 g $K_2S_2O_8$，70℃下搅拌 20 min，添加质量分数为 0%、10 %和 20%的甲醇、乙醇或丁醇，以 1 滴/s 的速度滴加 15%、20%、25%、30%或 40%的单体 VAc，搅拌下反应 2 h。冷却至室温，用 95%乙醇沉淀，干燥，所得无定形状产物置于索氏提取器中，以苯作溶剂，回流 24 h，以除去均聚物 PVAc，烘干，得粉末状中间产物 starch-*g*-PVAc。取 4.0 g starch-*g*-PVAc 与 30 mL 5%氢氧化钠/甲醇溶液混合，回流醇解 0.5 h，抽滤，用少量甲醇洗涤，干燥，得粉末状产品 starch-*g*-PVA。取适量 starch-*g*-PVA，以质量比为 1∶10 的比例加入蒸馏水，加热溶解，配成 10%的水溶液，在–16℃下静置 24 h，再于室温下解冻 5 h。重复一个冻–融循环，即得 starch-*g*-PVA 水凝胶。

(3) 性能

调节侧链的分子量：选用甲醇、乙醇和正丁醇三种常见的溶剂作为链转移剂，其链转移常数分别为 2.91×10^{-3}、2.63×10^{-3} 和 5.5×10^{-4} [32]，以调节支链 PVA 的分子量。实验结果表明，支链 PVA 的分子量得以有效地调控，在上述链转移剂添加量的范围内，支链 PVA 的黏均分子量在 7.2×10^{4}～6.8×10^{3}。

凝胶的形成及其溶胀：接枝共聚物 starch-*g*-PVA 经冷冻–解冻循环，形成水凝胶，其溶胀比随着支链 PVA 分子量的增大而增大。支链 PVA 的分子量为 4.4×10^{4} 和 7.2×10^{-4} 时，相应 starch-*g*-PVA 凝胶的溶胀比分别为 7.64 和 9.04。而淀粉在同样条件下经历冷冻–解冻循环，只得到分散的白色絮状物，没有强度、没有弹性，无法形成水凝胶。换言之，可以通过简单的自由基接枝共聚以及添加常见的链转移剂，得到不同含水量的 starch-*g*-PVA 水凝胶。

5.3 淀粉–接–可控聚乙酸乙烯酯

(1) 设计

要解决的问题：亲水性淀粉转变成两亲性高分子。

思路：利用醇和对甲苯磺酰氯(TsCl)的反应以及 TsCl 和叠氮钠的取代反应，淀粉分子链上的部分羟基转化为叠氮基团。在含炔的链转移剂存在下，乙酸乙烯酯进行 RAFT 自由基聚合，制得链端含炔的可控聚乙酸乙烯酯(AT-PVAc)。含叠氮基的淀粉衍生物(SN)与 AT-PVAc 在亚铜离子催化下发生炔-叠氮环加成，便由酯化、取代、RAFT 自由基聚合和点击化学等反应，制得侧链链长可控的淀粉基两亲性衍生物，它在水中能够自组装，并可由组成加以调控[33]。

(2)制备

取 10g 可溶性淀粉与 240mL *N,N*-二甲基乙酰胺(DMAc)在 100℃下搅拌溶解，加入 20 g 无水氯化锂/80 mL DMAc 溶液，混匀，冷却至室温，加入 29.6 mL 三乙胺/40 mL DMAc 溶液，混匀，加入对甲苯磺酰氯(TsCl，TsCl 与淀粉结构单元的物质的量比取 1.0 和 3.0)和 40 mL DMAc 的混合溶液，在 8℃下搅拌反应 24 h，用 800 mL 无水乙醇沉淀，用蒸馏水洗涤 5 次，再用无水乙醇进行索氏提取 24 h，除去 DMAc 和未反应的 TsCl，得对甲苯磺酸淀粉酯(ST)。

取 4g ST 溶于 90 mL *N,N*-二甲基甲酰胺(DMF)中，加入 5 g 叠氮钠，在 100℃下搅拌反应 24 h，用 500 mL 无水乙醇沉淀，用无水乙醇洗涤 3 次，粗产物置于截留分子量为 8000 g/mol 的透析袋中，用蒸馏水透析 2 天，每隔 6 h 换一次水，除去过量的叠氮钠，得产物淀粉基叠氮衍生物(SN，灰白色粉末)。

另外，取 16.2 mL 2-溴丙酸和 22.5 mL 的丙炔醇溶于 60 mL 二氯甲烷中，加入 2 g 4-二甲氨基吡啶(DMAP)和 4 g *N,N*-二环己基碳二亚胺(DCC)，在室温下搅拌反应 24 h，加入 19.2 g 黄原酸盐/200 mL 丙酮溶液，在室温下搅拌反应 24 h，过滤去除白色 KBr 沉淀，蒸发浓缩滤液，加入 100 mL 蒸馏水，搅拌 12 h，静置分层，有机层用蒸馏水萃取 3 次，除去有机层的有机溶剂之后得到金黄色黏稠液体，即为含炔端基的 RAFT 试剂(A-CTA)。取 0.1 g A-CTA 和 0.02 g AIBN 溶于 6 mL VAc，在 60℃下分别反应 8 h、12 h、16 h、20 h、24 h、28 h、32 h 和 36 h，置于冰水浴中终止聚合反应，用大量蒸馏水沉淀，干燥，得分子量可控的端基炔聚乙酸乙烯酯(A-PVAc)。

取适量 SN 和 A-PVAc 溶于 10 mL DMF 中，置于冰水浴中通氮气 30 min，加入碘化亚铜和二氮杂二环(DBU)，继续通氮气 30 min。于 40℃下反应 48 h，将反应溶液放入透析袋中用蒸馏水透析 2 天，每隔 6 h 换水，将透析袋中的溶液冷冻干燥 2 天，得到浅绿色粉末淀粉-接-聚乙酸乙烯酯(SCVAc)。

(3)性能

获得淀粉与可控聚乙酸乙烯酯的接枝共聚物的另一途径是，先将羧化淀粉转化为淀粉基链转移剂，再在它存在下进行乙酸乙烯酯的 RAFT 聚合。聚合过程中，CTA 用量不多，所得共聚物中淀粉的含量有限。为此，这里由淀粉转化为淀粉基叠氮衍生物 SN，乙酸乙烯酯经 RAFT 聚合转化为含端炔基的 A-PVAc，SN 和 A-PVAc 发生点击反应，生成淀粉-接-聚乙酸乙烯酯(SCVAc)。这个途径可以使

SCVAc 的接枝率在较大的范围内得以调控，尤其是双亲性淀粉基共聚物中的淀粉含量，较之 RAFT 聚合所得明显提高，从而使侧链分子量可控的淀粉-接-聚乙酸乙烯酯及其衍生物更加满足实际应用的需要。

由于 SCVAc 含有亲水性的淀粉骨架和疏水性的 PVAc 侧链，它在水介质中会发生自组装，形成胶束。另外，由于淀粉是结晶聚合物，PVAc 是非晶聚合物，固态 SCVAc 可能发生微相分离[34]。SCVAc 水溶液成膜之后，淀粉和 PVAc 两组分均匀分布，膜表面呈平整的均相形貌[图 5.2(a)]。在蒸馏水中浸泡 12 h 后，发生一定程度的溶胀，亲水相和疏水相发生微相分离，导致 SCVAc 膜表面出现许多小坑[图 5.2(b)]，由于淀粉与 PVAc 是通过共价键链接在一起的，这些小坑均匀地分布在膜的表面，而不出现明显的富集或分层。当将蒸馏水改为 KI 水溶液，SCVAc 膜在其中溶胀 12 h 后，由于 KI 对淀粉的染色作用，膜表面出现了明显的颗粒状物质[图 5.2(c)]。将此 SCVAc 膜在 1mol/L HCl 溶液中酸解 3 h，在膜表面形成了许多孔洞[图 5.2(d)]，这显然是裸露在表面的淀粉组分因酸解而除去的结果。由于疏水性 PVAc 侧链是可控的，SCVAc 膜的相分离也是可控的。显然，这是一个很有趣的现象，也能提供有价值的材料，如孔隙可调的膜材料。

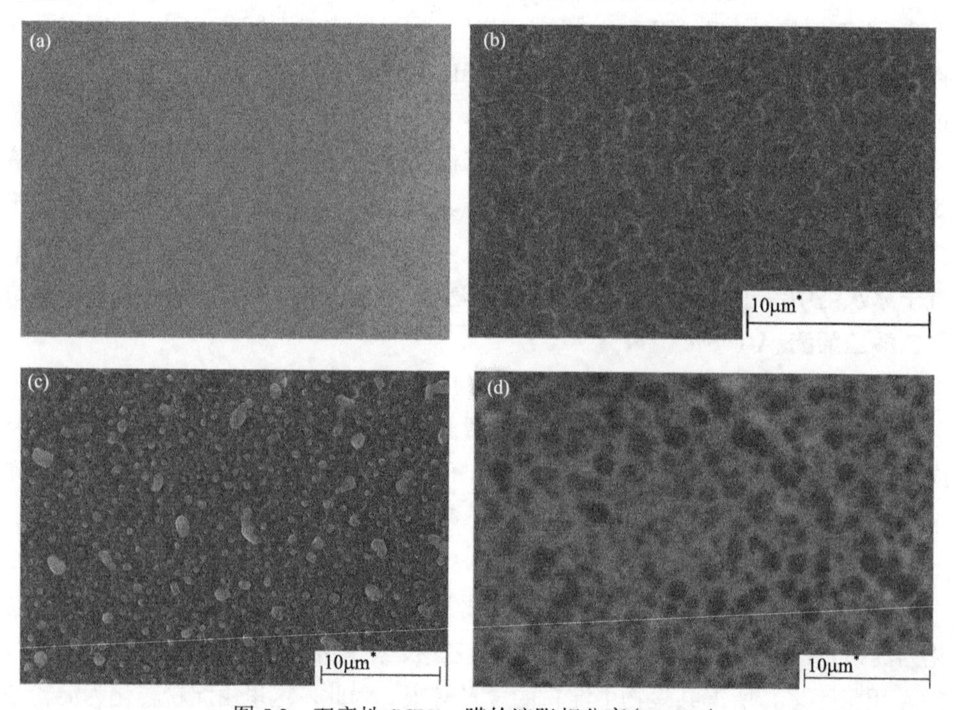

图 5.2　双亲性 SCVAc 膜的溶胀相分离(2000×)

(a) SCVAc 干膜，(b) 蒸馏水中溶胀的 SCVAc 膜，(c) KI 水溶液中溶胀的 SCVAc 膜，(d) KI 水溶液中溶胀并酸解过的 SCVAc 膜

5.4　饱和羧化淀粉

(1) 设计

要解决的问题：中性淀粉转变成淀粉基聚阴离子。

思路：首先，由单体顺丁烯二酸酐(即马来酸酐)和乙酸乙烯酯进行自由基共聚合，得到含有大量羧基的顺丁烯二酸酐-乙酸乙烯酯交替共聚物，再与淀粉发生酯化反应，即制得高羧基含量的饱和羧化淀粉(图 5.3)。通过简单的自由共聚和酯化反应，将中性淀粉转化为阴离子型淀粉衍生物，将表现出某些功能[35]。

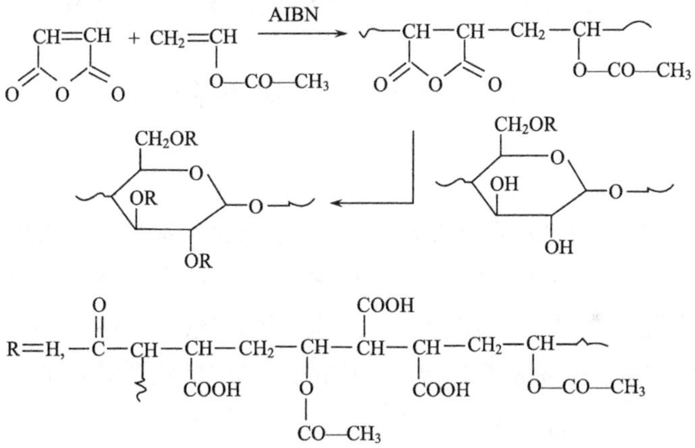

图 5.3　高羧基含量淀粉衍生物的合成路线

(2) 制备

在三颈瓶中加入 16.11 g(0.164 mol) 马来酸酐和 20 mL 苯，于 65℃搅拌溶解后，升温至 87℃；温度恒定后，1.5 h 内滴加 15.6 mL(0.164 mol) VAc、15 mL 苯和 2.5885 g AIBN 的混合溶液，继续反应一段时间，在反应出现明显浑浊时，补加 25 mL 苯，以防止反应过于剧烈使产物冲出。过滤，得粗产品。以苯为溶剂，在索氏提取器中提取 24h，干燥，得到纯的马来酸酐-乙酸乙烯酯交替共聚物(MV，粉红色粉末)。

取 4.0 g 淀粉和 MV(按一定的比例) 以及 15 mL 水加热溶解，置于 100℃的烘箱中，水蒸发快干开始计时，分别于不同时间取出，用 95%乙醇反复浸泡，倾去上清液，除去未反应的 MV，直至上清液呈中性(pH 试纸检验)。过滤，置于 80℃烘箱中干燥，得饱和羧化 SMV。

取 0.4 g PVA，以 1∶9、3∶7 和 5∶5 的质量比与 SMV 混合，溶于 5 mL 蒸

馏水，在–16℃下静置 16 h，再于室温(25℃)下解冻 5 h。重复一个冻-融循环，即得 SMV/PVA 水凝胶。

(3) 性能

SMV 的羧基百分含量可通过简单地改变投料比或反应时间而得以调节，在 29.8%至 46.9%之间。

SMV 能与金属离子 Ca^{2+}、Pb^{2+}和 Hg^{2+}发生螯合作用，形成易于分离的沉淀。SMV 对 Hg^{2+}、Pb^{2+}和 Ca^{2+}的吸附容量分别为 6.67 g/g、0.925 g/g 和 0.444 g/g。

由于 SMV 含有大量羧基，由物理过程得到的 SMV/PVA 水凝胶，呈现出酸敏特性。SMV 含量越高，酸敏性越明显，9∶1、7∶3 和 5∶5 所得 SMV/PVA 凝胶的溶胀比分别为 3.29、3.29 和 2.92 (pH 1.0) 以及 5.34、3.81 和 3.30 (pH 12)。

5.5　不饱和羧化淀粉

(1) 设计

要解决的问题：中性淀粉转变成含有碳-碳双键的淀粉基聚阴离子。

思路：利用酸酐和醇的反应，在淀粉的分子链上引入功能基团——羧基(图 5.4)。在吡啶的催化下，淀粉的羟基和顺丁烯二酸酐(MA)发生一定程度的酯化反应，制得同时含有羧基和碳-碳双键的顺丁烯二酸淀粉单羧基酯[36]。

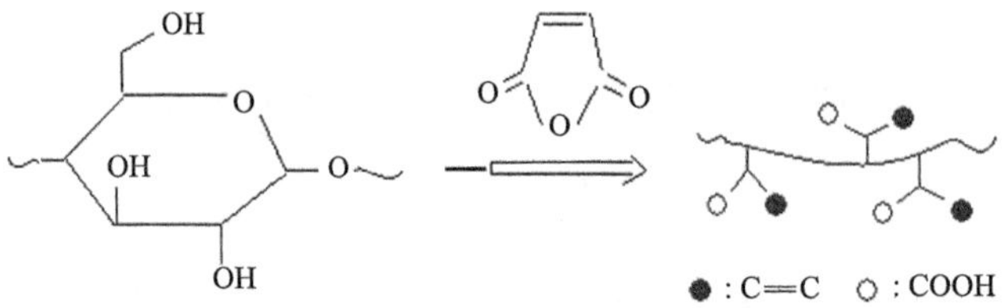

图 5.4　淀粉引入双官能基团的反应

(2) 制备

取 6 g 淀粉和 10 mL 蒸馏水，搅拌下加热溶解，趁热加入 15 mL DMF，搅拌混合均匀。然后，在搅拌下滴加一定量的 MA、吡啶(与 MA 等摩尔)的 15 mL DMF 溶液，在 20℃、30℃、40℃、50℃、60℃、80℃或 100℃下反应 2 h、3 h、5 h、7 h 或 9 h。反应液冷却至室温，加适量浓盐酸直至溶液呈酸性，搅拌下加入 200 mL 95%乙醇进行沉淀，再用少量乙醇将沉淀物洗涤 3 次，抽滤，干燥，得粉末状产品。

由上述实验得出，用尽可能少的水溶解淀粉，与过量顺丁烯二酸酐反应足够长的时间，获得一定取代度和羧化度的顺丁烯二酸淀粉单羧基酯：取 6g 市售可溶性淀粉，用 7 mL 水和 30 mL DMF 混合溶剂溶解，与 6 g MA、6 mL 吡啶在 30℃下反应 9 h，得到粉末状产品，其取代度和羧化度分别为 0.8678 和 34.66%。本法的特点在于条件十分温和，操作极其简便。

5.5.1　不饱和羧化淀粉作为聚阴离子

由图 5.4 可知，顺丁烯二酸淀粉单羧基酯(SM)的分子链上含有羧基，是一种阴离子型聚电解质。

1. 与壳聚糖形成聚电解质复合物

SM 含有可电离的羧基，壳聚糖带有氨基，两者通过静电作用，可形成天然多糖基聚电解质复合物[37]。

(1)制备

取适量羧化度为 7.27%和 14.55%的羧化淀粉(即 SM)，添加适量蒸馏水，加热溶解，配成均匀透明、浓度为 0.025%的羧化淀粉水溶液。将该溶液按 9∶1、8∶2、7∶3、6∶4、5∶5、4∶6、3∶7、2∶8、1∶9、1∶12、1∶15、1∶17 以及 1∶20 的质量比滴加到浓度为 0.02%的壳聚糖溶液中，生成的絮状沉淀物即为复合物。

(2)性能

足够多羧基的引入，使羧化淀粉与壳聚糖之间的氢键和静电力相互作用加强，两者在溶液中生成聚电解质复合物(PEC)而析出沉淀 SM-CS，干燥之后变为半透明、有一定强度和韧性的膜状物。

SM-CS 复合沉淀物是聚阳离子壳聚糖和聚阴离子羧化淀粉两者之间静电库仑力相互作用的结果，SM 水溶液与壳聚糖的稀酸溶液直接混合之后随即烘干则得到 SM/CS 共混物。复合物 SM-CS 分子链之间的相互作用大于共混物 SM/CS 的链间相互作用，故 SM-CS 的耐热性应高于 SM/CS。如图 5.5 所示的热失重分析曲线中，剩余百分数为 50%对应的分解温度，SM-CS 和 SM/CS 分别为 347℃和 327℃，验证了上述分析。

2. 与金属离子层-层自组装

(1)设计

要解决的问题：淀粉基聚阴离子与金属离子能否重复作用。

思路：聚阴离子 SM 与金属离子，通过静电作用，进行层-层(LbL)自组装，得到功能性多层膜[38]。

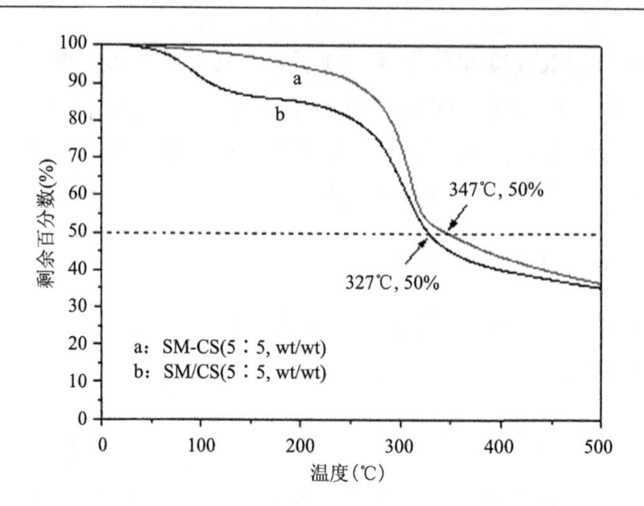

图 5.5 SM、CS 聚电解质复合物、共混物的热失重分析曲线

(2) 制备

首先，以淀粉衍生物为原料，制备用于 LbL 自组装的基质：称取 0.5 g PVAM 和 5 g SM，加入 25mL 去离子水，溶解后冷却至室温，再加入 1.0 mL 丙烯酸和 0.5 g 过硫酸钾，溶解并混合均匀后移入培养皿中，在 75℃水浴中反应 5 h，混合液形成凝胶后取出，于 40℃烘干，即得到淀粉基基质。

为排除金属离子吸附的干扰，确保组装是两组分之间的静电作用结果，对基质进行预处理：将干燥的基质在铜离子溶液中 25℃下浸泡 6 h，取出用蒸馏水冲洗三次，以除去表面多余的铜离子溶液。

通过 LbL 自组装形成多层膜材料：将处理过的基质浸泡在 10 mL 10% SM 溶液中 15min，用蒸馏水冲洗三次并用滤纸吸干表面的水，随后浸泡在 80 mL 200 mg/L 的铜离子溶液中 15 min，用蒸馏水冲洗三次，如此交替进行，直至达到目标层数。整个 LbL 过程均在室温下进行，最后得到的目标产物置于 40℃烘箱中干燥 24 h。

(3) 自组装结果

加入少量 PVAM 制得的淀粉基基质是一凝胶薄膜，力学性能良好，便于进行 LbL 自组装的操作。

LbL 自组装过程是在带相反电荷的 SM 与铜离子溶液中交替地短时间浸泡，其间还用蒸馏水漂洗，因此监测水溶液中金属离子浓度的变化，可反映出 LbL 自组装如期进行，并计算得到多层膜中金属离子的结合量。如图 5.6 所示，随着 LbL 循环次数的增加，溶液中铜离子的吸光度逐渐降低，即铜离子不断地与 SM 结合，多层膜的离子结合量随层数的增加而增加。

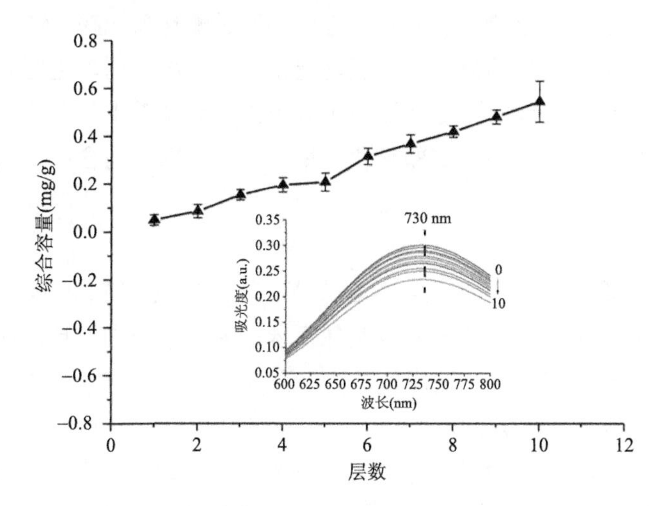

图 5.6 SM 与铜离子 LbL 自组装过程中的层数-吸光度关系

以适当处理的聚酯纤维为基质进行淀粉基聚阴离子与铜离子的 LbL 自组装之后，样品的热释放速率-温度关系和热释放速率-时间关系如图 5.7 所示。随着 LbL 自组装层数的增加，淀粉基膜层的热释放速率均呈现下降的趋势，样品组装之前的热释放速率明显高于组装后的样品。因此，SM 和铜离子的 LbL 自组装提高了聚酯纤维的耐燃性。

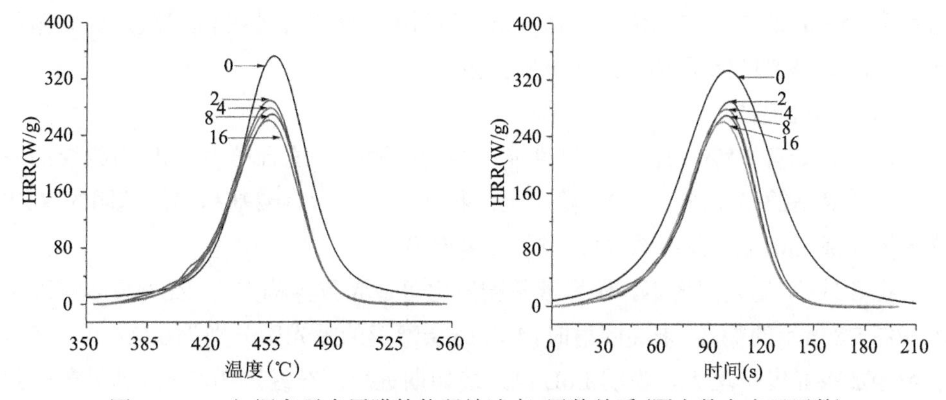

图 5.7 SM 与铜离子多层膜的热释放速率-层数关系(图中数字表示层数)

3. 引入偶氮基团并与氨基淀粉层-层自组装

(1) 设计

要解决的问题：中性淀粉转变成淀粉基聚阴离子、淀粉基阳离子，同时赋予光敏性。

思路：含偶氮苯聚合物具有光响应性质，通过酯化反应在 SM 分子链上引入偶氮基团，所得淀粉基聚阴离子再与氨基淀粉通过静电作用，进行层-层自组装，得到淀粉基光功能多层膜[39]。氨基淀粉可利用淀粉分子链上的羟基和对氨基苯甲酸发生酯化反应制得，中性的淀粉转化为聚阳离子，即可与含有偶氮基团的淀粉基聚阴离子进行 LbL 自组装。

(2) 制备

含偶氮基团淀粉基聚阴离子 AZS 的制备：2 g SM 和 15 mL DMSO 于三颈瓶中磁力搅拌加热溶解，加入 2 g 对羟基偶氮苯，90℃水浴中搅拌反应 12 h，冷却至室温，加入适量乙醇沉淀，洗涤，过滤，于索氏提取器中用无水乙醇提取 24h，取出烘干即得目标产物 AZS。

氨基淀粉 AS 的制备：称取 8 g 可溶性淀粉，加入 25 mL DMF 加热搅拌溶解，加入 8 g 对氨基苯甲酸，搅拌溶解，于 85℃水浴中搅拌反应 12 h，冷却至室温，用无水乙醇进行沉淀，洗涤，过滤，烘干即得到淀粉基聚阳离子 AS。

基质的制备：称取 1 g 由聚乙烯醇和顺丁烯二酸酐通过酯化反应制得的 PVAM，加入 10 mL 去离子水，磁力加热搅拌溶解，冷却至室温后，将溶液平铺于玻璃板上，置于 55℃烘箱中干燥，得 PVAM 薄膜。

光敏膜层的制备：首先将 PVAM 薄膜裁剪成合适大小，浸泡在去离子水中 4 h，将溶胀的薄膜浸泡在 25 mL 10%的 AS 溶液中 15 min，并用蒸馏水冲洗三次，再置于 25 mL 2%的 AZS 溶液中 15 min，随后取出用蒸馏水冲洗三次，如此循环若干次，即得到目标层数的 AZS-AS 多层膜。

(3) 自组装结果

PVAM 既有 PVA 的良好机械性能，又含有羧基，适合作为 LbL 自组装的基质。含有氨基的 AS 在 PVAM 薄膜上沉积之后，与含有羧基和偶氮基团的 AZS 交替地完成 LbL 自组装，得到 AZS-AS 多层膜。

在紫外-可见光照射下，偶氮苯基团发生可逆光致异构化，AZS-AS 多层膜呈现如图 5.8 所示的循环。未经照射时，4 和 16 层薄膜的吸光度分别为 0.556 和 1.208，层数增加吸光度也增大，说明 LbL 自组装如期进行。在经过 365 nm 紫外光照射 15min 后，薄膜的吸光度分别下降至 0.531 和 1.133；再经过 470 nm 可见光照射 15min 后，吸光度又分别增加到 0.542 和 1.153。再一次循环照射，得到相似规律，即紫外光照射下吸光度降低，可见光照射后吸光度回升，说明 AZS-AS 多层膜具有循环可逆的光响应性。

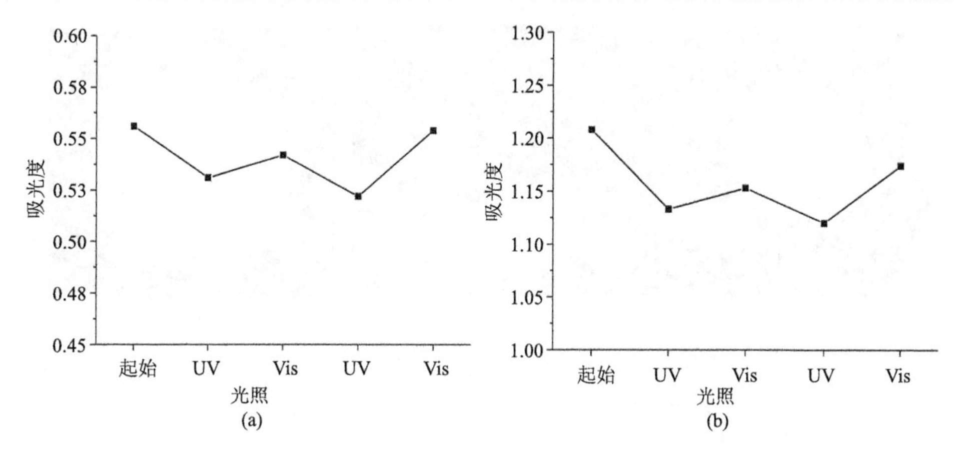

图 5.8　AZS-AS 薄膜对紫外光与可见光的循环响应

(a)4 层，(b)16 层

4. 与 PVA 形成复合凝胶

(1) 设计

要解决的问题：淀粉基聚阴离子如何形成物理交联水凝胶。

思路：如同前述，SM 和 PVA 的混合溶液，可由冻-融法形成具有一定强度的复合水凝胶。

(2) 制备

按 0、10%、30%、50%和 70% SM 的比例，称取取代度分别为 0、0.21、0.31、0.42 和 1.0 的 SM 以及 PVA 共 1 g，加入 15 mL 蒸馏水，加热并搅拌至完全溶解，加热浓缩至含水量为 10 g 左右，冷却，分装于适当模具中，经两次冷冻-解冻循环，得 SM/PVA 水凝胶。

(3) 性能

含 10%、30%、50%和 70% SM 的混合溶液，经 2 轮冷冻-解冻，均可形成宏观均匀、具有一定强度的复合水凝胶(图 5.9)。淀粉与 PVA 混合溶液，经冻融处理后，也能形成凝胶，但淀粉是以颗粒的形式分散于 PVA 凝胶中，其尺寸与含量有关，当淀粉含量为 70%时，肉眼即可观察到凝胶中的白色颗粒。由于引入极性较大的羧基，SM 和 PVA 之间的相互作用增强了，SM 与 PVA 的相容性得以提高，从而可在较宽的比例范围形成均匀的复合水凝胶。

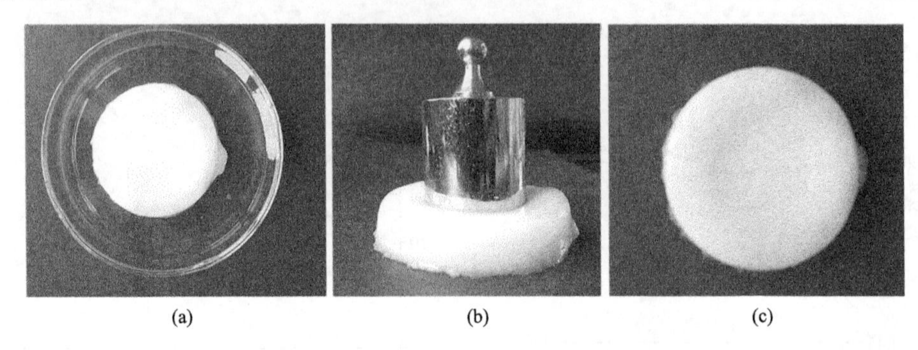

(a) (b) (c)

图 5.9 SM/PVA 复合水凝胶及其力学性能

(a) 受力前，(b) 50g 砝码加压 5min，(c) 去外力 5min 后

SM/PVA 复合凝胶的玻璃化转变温度 T_g 和 SM 含量之间，存在线性的关系(图 5.10)。随着 SM 含量的增加，羧基含量增多，两组分之间的相互作用增强，复合凝胶的 T_g 升高，说明 SM 和 PVA 之间具有良好的相容性。由于 SM 为结晶性高分子，如果继续增多 SM，复合凝胶的 T_g 便无法测得。此外，取代度越高，羧基的含量越多，两组分之间的相互作用更强，复合凝胶的 T_g 也就较高(图 5.11)。可见，复合水凝胶的热性质，可由组分含量和取代度加以调节。

由于 SM 分子链中存在一定量的—COOH，SM/PVA 复合水凝胶呈现 pH-响应性溶胀行为，干燥的复合凝胶在酸介质中快速再溶胀；转入中性缓冲溶液中，几乎不再溶胀；再转入碱性介质中，部分—COOH 转变为 COO^-，凝胶再度溶胀。同样条件制得的 PVA、淀粉/PVA 水凝胶均不表现此特性，其达到溶胀平衡之后，再置于碱性缓冲溶液中，溶胀比不再增大(图 5.12)。

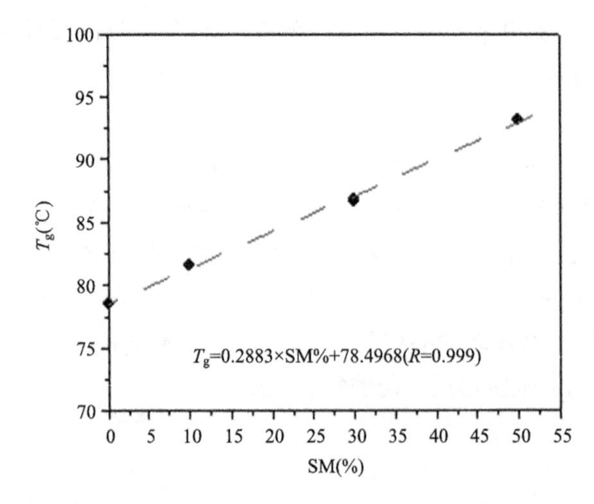

图 5.10 SM/PVA 复合水凝胶的 T_g 与组分含量之间的关系

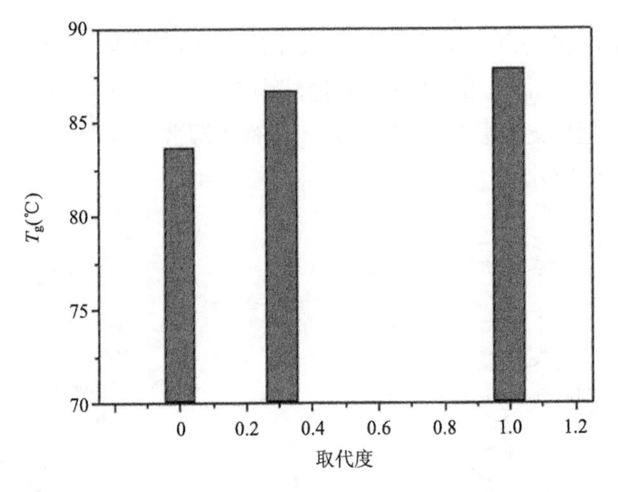

图5.11 SM/PVA复合水凝胶的T_g与SM取代度之间的关系

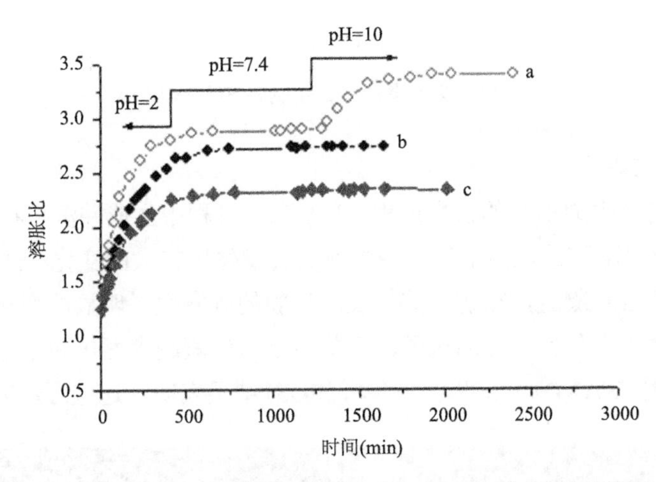

图5.12 SM/PVA(a，质量比为1∶1)复合水凝胶、纯PVA水凝胶(b)和淀粉/PVA(c，质量比为1∶1)水凝胶在37℃下、不同pH的缓冲溶液中的溶胀行为

5. 与PVA以及羟基磷灰石形成复合凝胶

由于SM含有—COOH官能团，与钙离子具有一定的相互作用，以SM/PVA复合水凝胶为基质，在氯化钙和磷酸氢二钠溶液中交替浸泡多次，可在基质表面生成羟基磷灰石(HA)，得到SM/PVA/HA复合材料[40]。

(1)仿生制备

在37℃下，SM/PVA水凝胶浸没在20 mL 200 mmol/L的$CaCl_2$溶液中，用三羟甲基氨基甲烷-盐酸(Tris-HCl)缓冲溶液调节pH至7.4，浸泡2 h。取出SM/PVA

凝胶，用大量的蒸馏水冲洗，并用滤纸吸干凝胶表面的水。再将 SM/PVA 水凝胶浸没在 20 mL 120 mmol/L 的 Na_2HPO_4 溶液中 2 h，蒸馏水冲洗，除去凝胶表面的水，重复上述过程(交替浸泡，图 5.13)，观察到凝胶表面明显变白时，用蒸馏水冲洗，在 50℃下干燥。

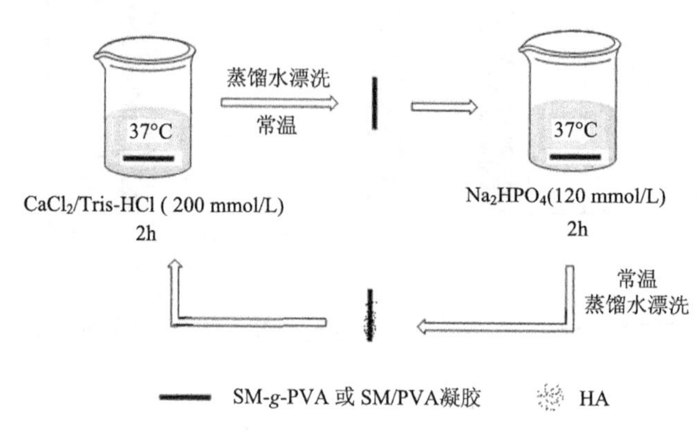

图 5.13　交替浸泡法仿生制备 SM/PVA/HA

(2) 仿生结果

交替浸泡是生成 HA 的仿生过程，HA 在此过程中生成并沉积在 SM/PVA 水凝胶表面，所以凝胶的表面形貌在浸泡前后会发生比较大的变化。SEM 观察到含 50% SM 的复合干凝胶，在仿生前后表面形貌的确发生了明显的变化(图 5.14)。干凝胶的表面没有任何尺寸的粒子，而仿生之后的凝胶表面出现了很多颗粒。广角 X 射线衍射(WAXD)测试和能谱分析(EDS)结果表明，这些颗粒就是 HA。

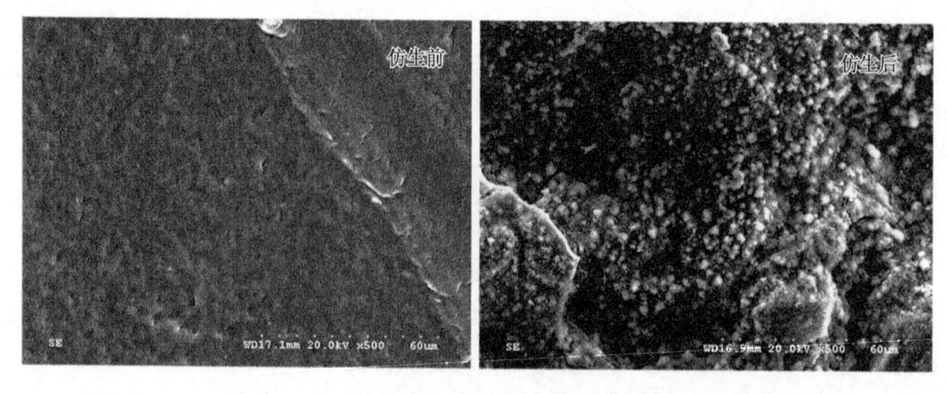

图 5.14　质量比为 1∶1 的 SM/PVA 凝胶交替浸泡仿生前后的 SEM 图(500×)

5.5.2 不饱和羧化淀粉作为大单体

由图 5.4 可知，顺丁烯二酸淀粉单羧基酯(SM)的分子链上不仅含有羧基，还含有碳-碳双键，是一种聚阴离子，也是一种淀粉基大单体。

1. 与乙酸乙烯酯接枝共聚

(1) 设计

要解决的问题：如何实现淀粉基聚阴离子与能发生物理交联组分之间的键接。

思路：在自由基引发下，SM 与乙酸乙烯酯发生接枝共聚，生成羧化淀粉-接-聚乙酸乙烯酯(SM-*g*-PVAc)，经醇解转化为羧化淀粉-接-聚乙烯醇(SM-*g*-PVA)。SM-*g*-PVA 同样可以通过冷冻-解冻循环形成水凝胶，并用交替浸泡法在 SM-*g*-PVA 凝胶表面仿生 HA 复合材料。

(2) 制备

称取 2 g SM，加入 20 mL 蒸馏水，加热搅拌溶解，加入 10 mL DMF，混合均匀，加入 0.2 g 过硫酸钾(KPS，$K_2S_2O_8$)搅拌 15 min，滴加 8～16 mL 的乙酸乙烯酯，65℃下反应 6 h，冷却之后加入 200 mL 甲醇和水的等体积混合溶液，过滤，用蒸馏水洗涤 3～5 次，干燥，以无水乙醇索氏提取，除去均聚物，得到 SM-*g*-PVAc。参照前述条件进行醇解、冻融，制备出 SM-*g*-PVA 水凝胶(图 5.15)。

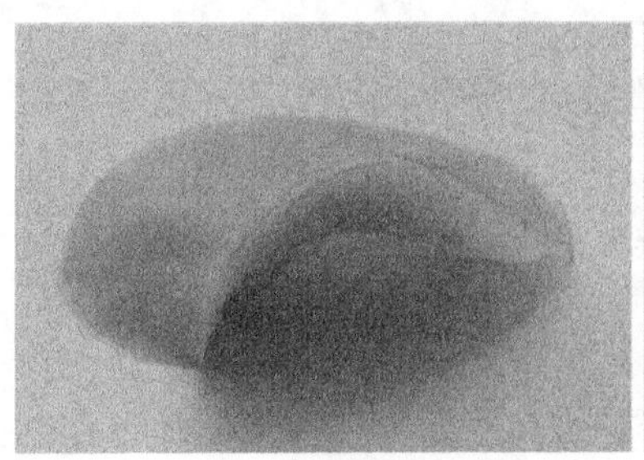
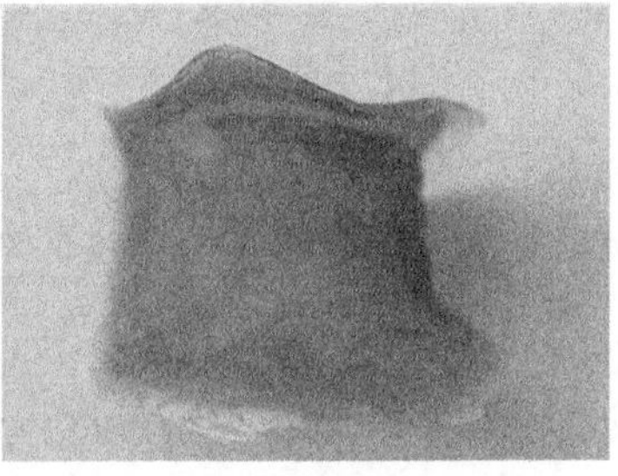

图 5.15　SM-*g*-PVA 水凝胶及其干凝胶

(3) 仿生结果

接枝率为 284.93%的 SM-*g*-PVA 水凝胶仿生之后，在表面覆盖了一层颗粒状的固体(图 5.16)。EDS 测试结果如图 5.17 所示，图中出现了 SM-*g*-PVA 水凝胶所没有的 Ca 和 P 两种元素，测定样品若干个局部区域 Ca、P 元素的含量，计算其平均值，得 Ca/P 大约为 1.65，可大概确定凝胶表面的颗粒，就是在交替浸泡过程中生长出来的 HA。

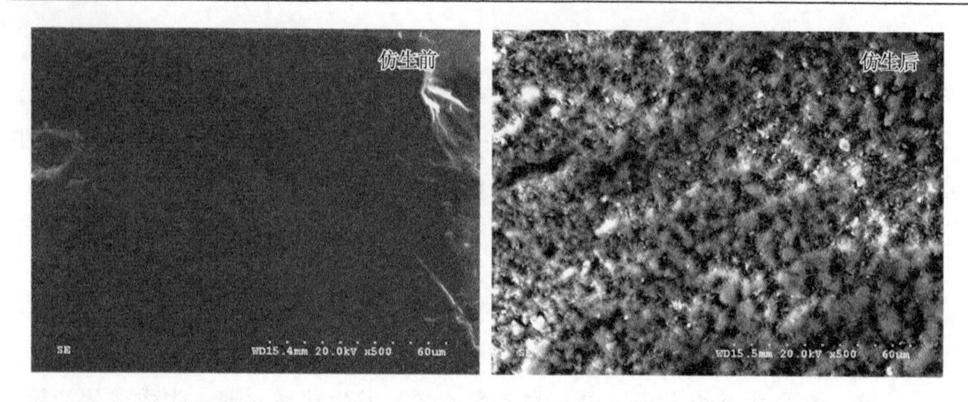

图 5.16 接枝率为 284.93%的 SM-*g*-PVA 凝胶交替浸泡仿生前后的 SEM 图(500×)

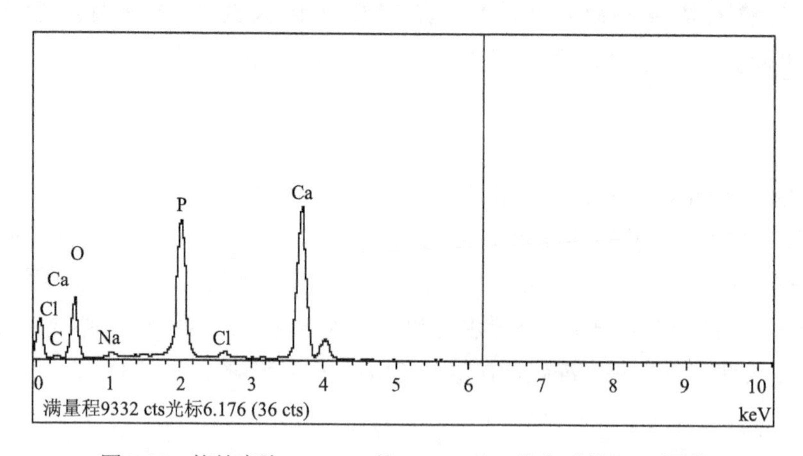

图 5.17 接枝率为 284.93%的 SM-*g*-PVA 仿生后的 EDS 图谱

2. 与含有羧基或磺酸基的单体交联

(1) 设计

要解决的问题：如何由含不饱和双键的淀粉基聚阴离子，简便地制得功能水凝胶。

思路：由于碳-碳双键的存在，SM 可以作为大单体，和单体丙烯酸(AA)、衣康酸[IA，$CH_2{=}C(COOH)CH_2COOH$]或乙烯基磺酸钠(VSA，$CH_2{=}CHSO_3H$)，进行自由基交联反应，制得含有羧基或磺酸基的淀粉基功能水凝胶[41, 42]。

(2) 制备

称取 0.5 g 羧基含量为 14%、29%或 33.4%的 SM，加 5 mL 水溶解，搅拌下加入 10%、20%、40%、60%或 80%的质量比为 1∶0、3∶1、5∶1、7∶1 或 9∶1 的单体 AA、单体对 AA 和 IA 或 VSA 以及 0.05 g 的引发剂 KPS，在 70℃、搅拌

下反应，一定时间后发生交联，析出固体，用蒸馏水洗涤三次，除去未完全反应的丙烯酸和羧化淀粉，得到含羧基或磺酸基的淀粉基水凝胶 SA、SAI 或者 SAS 凝胶样品。

(3) 性能

SA、SAI 或者 SAS 凝胶的溶胀比与单体或单体对的用量、SM 的羧基含量以及单体对的比例有关，SA、SAI 和 SAS 凝胶的最大溶胀比分别为 6.19、6.59 和 12.09。

SA 凝胶对铅离子和汞离子的最大吸附量分别为 123.2 mg/g 和 131.2 mg/g，即功能化改性的淀粉可作为重金属离子吸附剂，SA 吸附剂能除去金银花、白术、当归、大青叶四种中药煎液中的大部分铅离子和汞离子(表 5.1)，对中草药煎液有很好的净化作用。SA 凝胶在 37℃、12.5 g/L α-淀粉酶的催化下降解，由于 SA 的降解产物淀粉、马来酸和丙烯酸等均易溶于水，14 h 内，不同 SA 样品的降解百分数在 93.2%～96.9%，几乎完全降解，即 SA 可视为一种环境友好型材料。

表 5.1　20 mL 中草药熬煎液用 100 mg SA 吸附去除铅离子和汞离子的效果

中药	铅离子去除百分数(%)	汞离子去除百分数(%)
当归	51.1	65.3
金银花	75.0	89.5
大青叶	21.1	87.6
白术	76.6	66.4

同样条件下，单体对所得 SAI 和 SAS 凝胶，含有更多的酸性基团，具备吸附阳离子电解质的能力。SA、SAI 和 SAS 凝胶对含有 N^+的罗丹明 B 的吸附容量分别为 34.68 mg/mg、60.88 mg/mg 和 74.06 mg/mg。显然，用单体对代替 AA 所制备的 SAI 和 SAS 凝胶，引入了更多的酸性基团羧基或磺酸基，从而提高了吸附罗丹明 B 的能力。

采用自由基交联法制备淀粉基功能网络，反应过程简单，后处理容易；通过改变羧化淀粉大单体的羧化度以及小分子单体或单体对的用量，制备出含有酸性基团含量不同的凝胶；制得的凝胶，具有吸附重金属离子、阳离子电解质等性能。

3. 转化为大分子链转移剂

(1) 设计

要解决的问题：如何利用不饱和碳-碳双键在淀粉基聚阴离子分子链上，键接其他可控高分子。

思路：SM 的碳-碳双键与溴化氢加成，再与 $C_2H_5OCS_2K$ 发生取代反应制得淀粉基黄原酸酯(淀粉基大分子 RAFT 试剂，SXA)。

在 SXA 的存在下，进行乙酸乙烯酯的可控聚合，将淀粉与相对分子质量可控的 PVAc 以共价键缀合起来，所得淀粉-接-聚乙酸乙烯酯(SVAc)经醇解转化为侧链链长可控的淀粉-接-聚乙烯醇(SVA)。SVAc 是双亲性接枝聚合物，在水溶液中可以自组装成纳米级的胶束，胶束的大小和粒径分布与 SVAc 的侧链分子量密切相关。SVA 由冻融法发生物理交联形成水凝胶，其存储模量和损耗模量随着 PVA 链长的增大而增大[43]。

(2) 制备

取 24 g SM 溶于 48 mL 二甲亚砜 DMSO，滴加少量乙酸作催化剂，通入 HBr 气体，在 60℃下、搅拌反应 48 h，加入 12 g $C_2H_5OCS_2K$ 继续搅拌反应 24 h，用 500 mL 无水乙醇沉淀，粗产物用无水乙醇索氏抽提 24 h，提纯，得黄褐色粉末 SXA。

取 0.1 g SXA 溶于 6 mL DMSO 并置于安碚瓶中，缓慢加入 0.04 g 偶氮二异丁腈(AIBN)与 4 mL VAc 的溶液，通氮气 30 min 以除去溶液中的氧气，按上述相同方法准备含有反应物的其他安碚瓶，于 60℃下反应 8 h、10 h、14 h、16 h、18 h 和 22 h，及时地将安碚瓶迅速置于冰水浴中以终止聚合反应，得到侧链可控的 SVAc(图 5.18)。

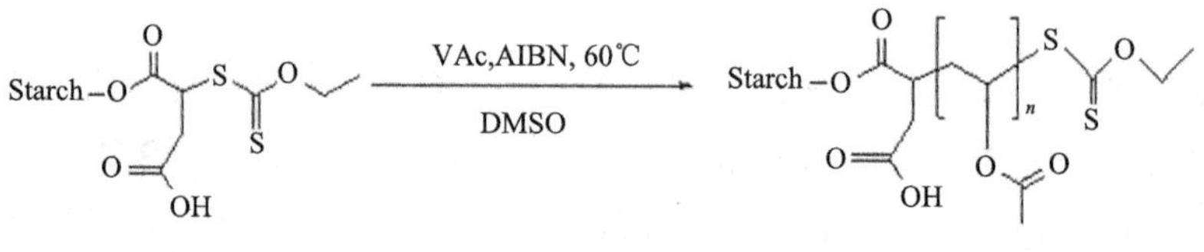

(SXA)　VAc,AIBN, 60℃ / DMSO →　(SVAc)

图 5.18　淀粉-接聚乙酸乙烯酯的可控聚合

取 2 g SVAc 加入 30 mL 5%的 NaOH/甲醇溶液，回流醇解 2 h，得到相应的 SVA。取 0.5 g SVA 溶于 5mL 蒸馏水中，SVA 水溶液于−16℃下冷冻 12 h，室温下解冻 3 h，如此冷冻-解冻 3 个循环，制得物理交联的 SVA 水凝胶。

(3) 性能

大分子链转移剂 SXA 存在下，VAc 自由基聚合 8 h、14 h 和 22 h，产物的数均分子量分别为 5.3×10^4、8.6×10^4 和 1.3×10^5，多分散系数 PDI 分别为 1.37、1.33 和 1.46。也就是说，通过 RAFT 聚合得到了侧链链长可控的 SVAc。由于醇解只发生在结构单元的侧基，SVA 的侧链也是可控的。

淀粉是亲水性聚合物，PVAc 则为疏水性聚合物，故 SVAc 是双亲性聚合物。双亲性聚合物的一个重要特征是可以在水介质中自组装形成胶束[44]，所以 SVAc 双亲性聚合物在水溶液中也可以形成胶束。随着侧链 PVAc 分子量的增大，所形成胶束的粒径也随之增大，但粒径分布并不变宽(图 5.19)。换言之，通过对 PVAc 链长的调控，能够很好地调节 SVAc 的自组装行为。

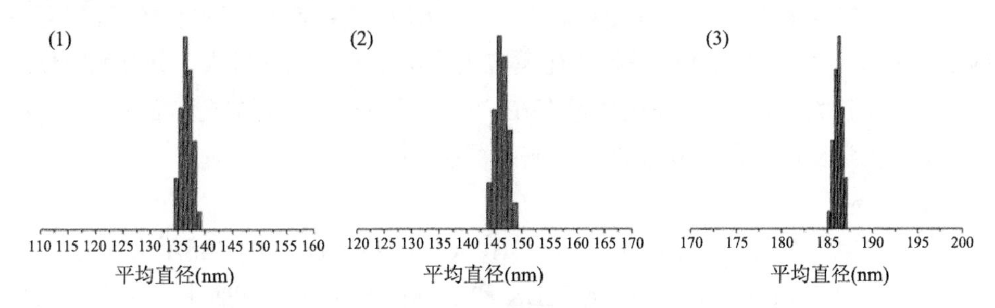

图 5.19　SVAc 胶束的粒径大小及其分布

(样品 1、2 和 3 的数均分子量分别为 5.3×10^4、8.6×10^4 和 1.3×10^5)

不同侧链分子量的 SVA 凝胶干燥之后，其粉末进行 XRD 分析，所得曲线(图 5.20)通过拟合计算，可得 PVAc 侧链数均分子量分别为 5.3×10^4、8.6×10^4 和 1.3×10^5 所得 SVA 凝胶的结晶度分别为 29.4%、33.6%和 37.1%，即 SVA 的结晶度随着侧链 PVA 分子量的增大而增大。结晶度增高意味着凝胶物理交联程度增大，必然导致水凝胶的黏弹性能等随着变化。因此，可以通过侧链分子量的控制，调控 SVA 水凝胶的性能。

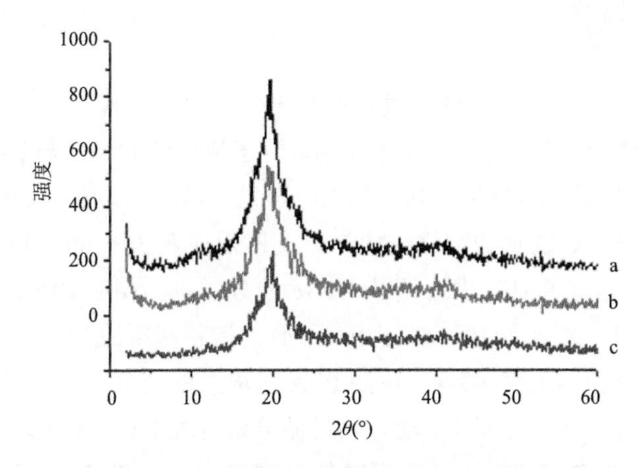

图 5.20　不同侧链分子量 SVA 凝胶的 XRD 曲线

(a、b 和 c 对应 PVAc 数均分子量分别为 1.3×10^5、8.6×10^4 和 5.3×10^4 的 SVA)

4. 与大分子单体 PVAM 交联

(1) 设计

要解决的问题：含不饱和碳-碳双键的淀粉基聚阴离子，如何简便地形成力学性能良好的水凝胶。

思路：PVA 具有良好的强度和韧性，由 RAFT 自由基聚合并经醇解得到可控 PVA，可控 PVA 与马来酸酐进行酯化反应生成可控的聚乙烯醇大单体(PVAM)，它和羧化淀粉大单体 SM 在硫化氢存在、自由基引发下进行硫醇-烯点击化学反应，发生化学交联，制得功能性淀粉基水凝胶[45]。

(2) 制备

参照文献[46]制备出固体黄盐酸酯 $C_2H_5OCS_2CH_2COOC_2H_5$(EESA) 作为小分子链转移剂，取 0.3 g EESA、0.06 g AIBN 和 21 mL VAc 于安碚瓶中，60℃下进行 RAFT 聚合、冰水浴中终止，制得可控 CPVAc，并依照前述醇解转化为可控 PVA。

按质量比 PVA∶MA=2∶1 的比例，称取 2 g 可控 PVA 溶于适量水中，4 g MA 与可控 PVA 水溶液混合、溶解，在 90℃下回流反应 4 h，用适量无水乙醇沉淀，粗产品再用水和无水乙醇反复洗涤，以除去未反应的马来酸酐，得白色固体产品可控 PVAM。

称取 SM 和可控 PVAM 各 0.5 g，溶于水，混合均匀，在 60℃下以过硫酸钾为引发剂，通入硫化钠和稀硫酸反应生成的硫化氢气体，反应 1 h，析出浅黄色凝胶状产品。用水多次洗涤，以除去未反应的大单体及残余的硫化氢气体，即得淀粉-可控 PVA 水凝胶。

(3) 性能

由可控 PVA 所得 PVAM 的双键含量 C═C%，随着 PVAc 分子量的增大而增高。SM 和 PVAM 均是不饱和大分子单体，分子链中的 C═C 与 H_2S 原位反应形成巯基，并与大分子单体骨架上其余的 C═C 发生硫醇-烯点击反应，结果 SM 和 PVAM 通过 C—S—C 键形成网络结构[47]，交联反应在 30～60 min 内就能进行完全。如此一来，通过 RAFT 聚合调节 PVAc 的分子量，相应 PVAM 的 C═C%随之改变，从而制得 S%不同(即交联密度不同)的淀粉基凝胶(表 5.2)。

随着 PVA 链长的改变，淀粉-可控 PVA 水凝胶的交联密度也发生变化，其玻璃化转变温度 T_g 做相应的变化。动态热机械分析(DMTA)结果(图 5.21)也证实了这一点。PVAM 的 T_g 为 37.1℃，而凝胶的 T_g 介于 56.0～72.0℃，表明凝胶的热性能也是可控的。

表 5.2　淀粉-可控 PVA 水凝胶结构的调控

样品	PVAc		PVAM		凝胶
结构参数 / 编号	Mn *	PDI *	特性黏数(dL/g)	C═C 含量(%)	含 S 量(%)
1	1.5×10^4	1.19	1.29	1.57	0.86
2	9.2×10^4	1.65	2.99	6.29	1.73

*：Mn 和 PDI 分别表示数均分子量和多分散系数。

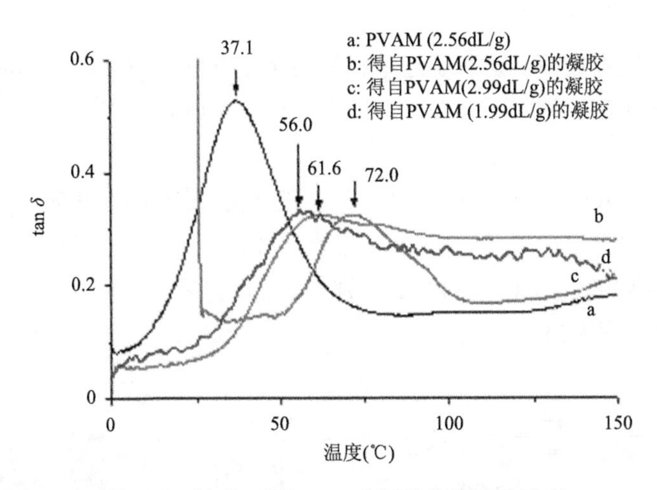

图 5.21　淀粉-可控 PVA 水凝胶的玻璃化转变

如图 5.22 所示，淀粉-可控 PVA 水凝胶的平衡溶胀比与 PVA 的链长成反比，即凝胶的溶胀行为具有可控性。由前面的分析结果可知，具有较高分子量的 PVAM 含有较多的 C═C，所得相应凝胶的交联度较高，凝胶的平衡溶胀度也就较低。

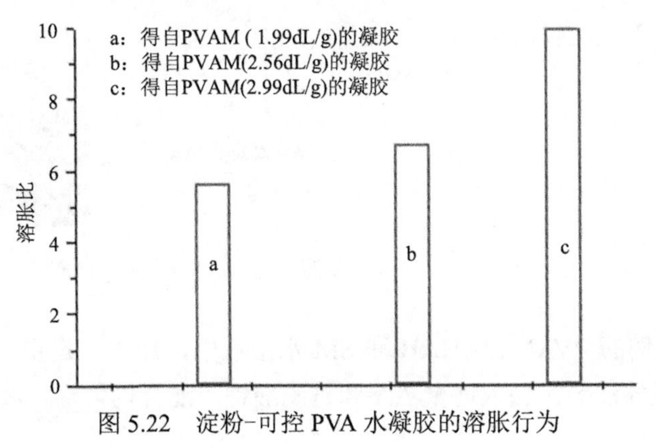

图 5.22　淀粉-可控 PVA 水凝胶的溶胀行为

5. 与含偶氮基团单体交联

(1) 设计

要解决的问题：如何在含不饱和碳-碳双键的淀粉基聚阴离子分子链上，键接其他功能基团。

思路：由含有不饱和碳-碳双键和羧基的羧化淀粉 SM、含有偶氮苯和不饱和碳-碳双键的丙烯酸酯基偶氮苯(AHAB)、含有不饱和碳-碳双键和羧基的羧化聚乙烯醇(PVAM)以及丙烯酸 AA 进行自由基交联，制得具有光和 pH 双重响应性的淀粉基水凝胶[48]。

在二氧化钛存在下，进行上述单体的自由基交联反应，则得到的淀粉基水凝胶，既呈现光敏和酸敏双重响应性，又有光催化降解特性[49]。

(2) 制备

取 0.5 g PVAM、0.5 g SM 和一定量(分别取 0.003 g、0.005 g、0.008 g 和 0.01 g 之一)的 AHAB，加入 10 mL 蒸馏水，加热搅拌至完全溶解，冷却至室温，加入 0.2 mL AA 和 0.2 g 提纯的过硫酸钾，混合均匀后，置于 70℃水浴锅反应 4～5 h，得到凝胶(图 5.23)。

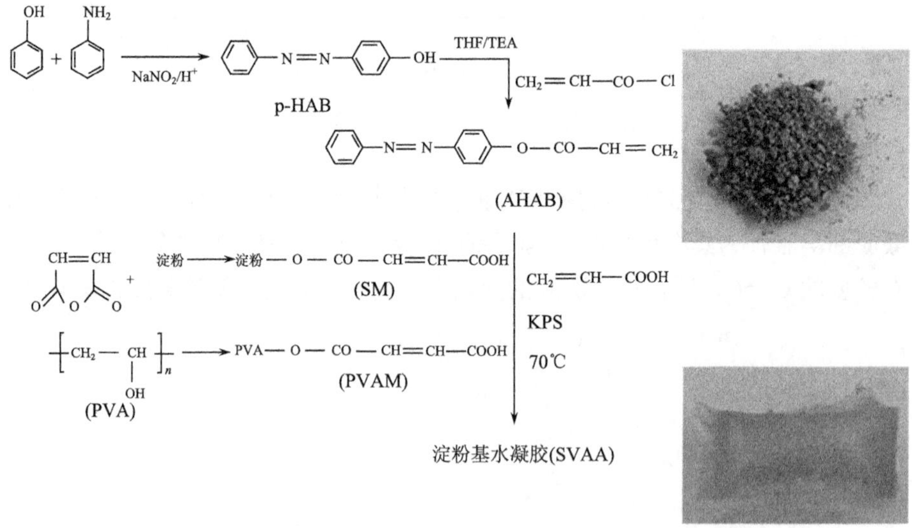

图 5.23　含偶氮苯淀粉基凝胶的制备

在上述比例的 PVAM、AHAB 和 SM 水溶液中，加入一定量的二氧化钛和 3 滴司班 80，搅拌混匀，加入适量 AA 和过硫酸钾，混合均匀，将液体倒入培养皿中，置于 70℃水浴中，反应 4～5 h，得到复合凝胶薄膜。

(3) 性能

由 SM、PVAM、AHAB 和 AA 得到的淀粉基凝胶(SVAA)具有一定的强度和弹性，呈现 pH、光双重响应性。增加 AA 用量，凝胶在 pH 为 3.0 和 7.4 的缓冲液中的溶胀率差别增大(图 5.24)。不同 AHAB 投料量所得的凝胶，在 365 nm 的紫外灯和 600 nm 可见光交替照射下，由于偶氮苯发生光致异构化，其吸光度相应地上升、下降(图 5.25)。

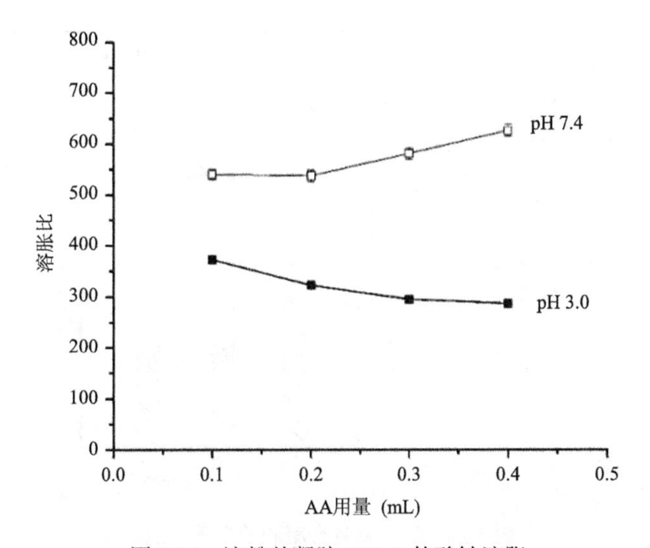

图 5.24　淀粉基凝胶 SVAA 的酸敏溶胀

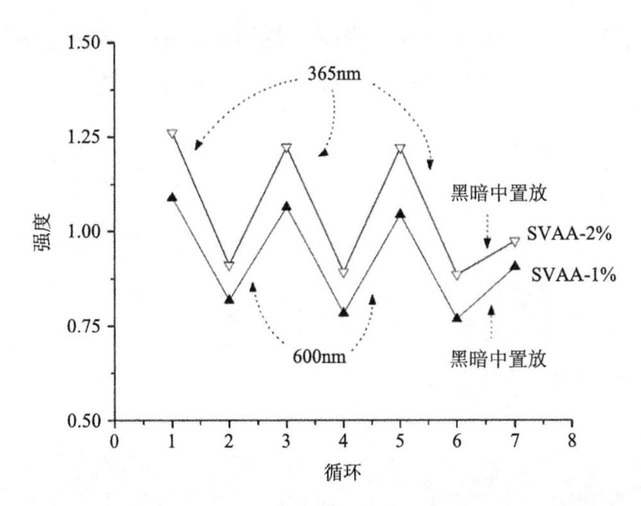

图 5.25　淀粉基凝胶 SVAA(AHAB 用量为 SM 的 1%、2%)的光响应循环

类似地，含二氧化钛的淀粉基复合凝胶薄膜表现出 pH 响应性溶胀、光敏循环，而且对甲基橙具有可重复的光催化降解功能(图 5.26)。

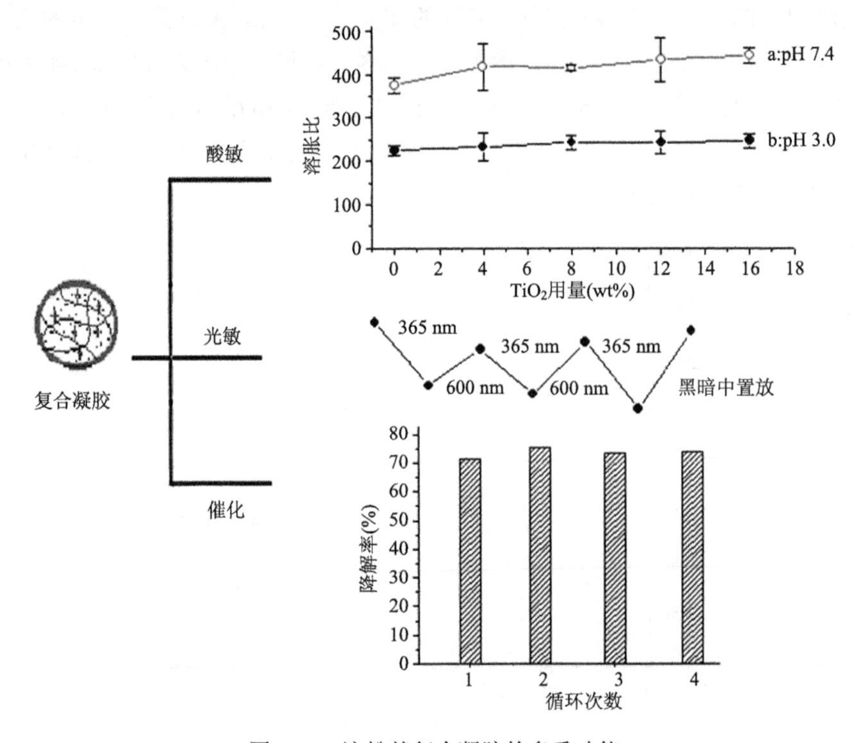

图 5.26　淀粉基复合凝胶的多重功能

淀粉来自阳光、二氧化碳和水，降解产物为葡萄糖。淀粉是研发可再生高分子的一种理想原料，期待它是“种”出高分子的“种子”之一。

第6章 壳聚糖基可再生高分子的构建

6.1 壳聚糖的结构和性能特点

甲壳素(图6.1)提取自海洋生物，是自然界第二丰富的天然多糖高分子。由于分子链内和分子链之间存在强的氢键以及高度结晶性，甲壳素的溶解性极差，这给其直接利用造成了很大的障碍。因此，得以广泛应用和开发的是其衍生物壳聚糖。

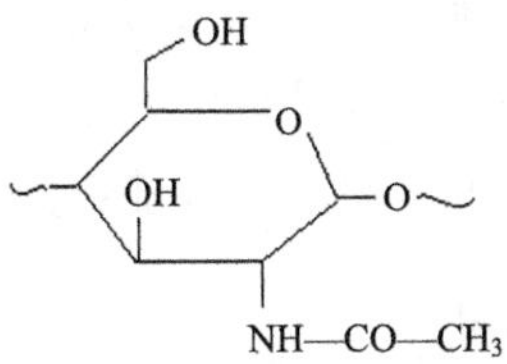

图6.1 甲壳素的结构式

甲壳素经脱乙酰化之后，转化为壳聚糖(图6.2)。实际上，由于概率效应，分子链上尚有部分乙酰基，其含量取决于脱乙酰度。壳聚糖是其结构单元通过β-1,4′糖苷键连接而成的，在这点上和纤维素一样。当然，两者存在不同的结构成分。壳聚糖明显区别于纤维素的是：一个氨基或乙酰基取代了结构单元中相同位置上的羟基。这使得壳聚糖的性质既与纤维素相似，又有所不同。

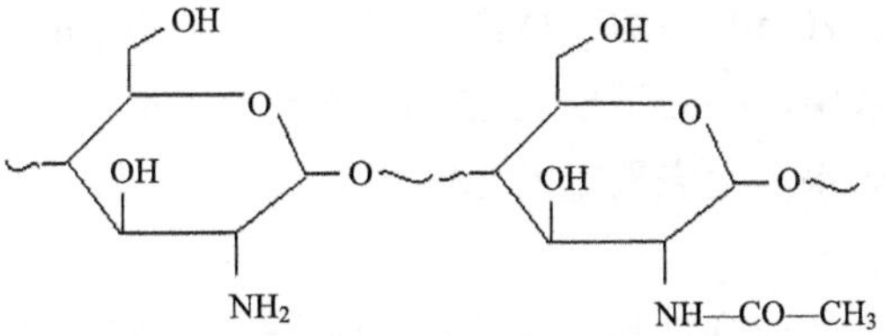

图6.2 壳聚糖的结构式

壳聚糖呈碱性，溶于稀酸而成为聚电解质。壳聚糖呈刚性、结晶度较高，分子链内、分子链间相互作用强。分子量较低时，壳聚糖才具有一定的溶解性。否则，不溶于稀酸以外的常见溶剂。显然，壳聚糖、淀粉和纤维素之间，结构单元、结晶性以及存在链内/链间较强的相互作用都相当相似，性质既相似也有所不同。

壳聚糖分子链上含有氨基和羟基，和纤维素、淀粉一样，可以通过物理和化学两大途径或者两者的结合，将壳聚糖转化为新的壳聚糖基聚合物。

6.2 可溶性壳聚糖

壳聚糖的溶解性差造成了某些局限，其改性或者应用，往往都是在溶于稀酸之后，酸性介质会导致蛋白质药物变性。在酸性溶液中溶解，也给操作造成一些麻烦，例如，后处理需要洗涤至中性一步。为此，有必要对壳聚糖进行改性，提高其溶解性。最理想的是能够溶于中性水，而又基本保留壳聚糖的原有性质，以拓宽其应用范围。鉴于聚乙二醇(PEG)可溶解于水和多数有机溶剂，研究者在壳聚糖分子链上引入 PEG，明显地改善了壳聚糖的水溶性和油溶性[50]。

制备水溶性壳聚糖的方法，可以是化学方法，也可以采用物理过程。不管采用哪种途径，最好是简便、易于实现的，并能够为后续应用提供多种可能。

6.2.1 化学法制备水溶性壳聚糖

(1) 设计

要解决的问题：如何使得壳聚糖能够溶解于不加酸的蒸馏水。

思路：在吡啶的催化作用下，壳聚糖(CS)和马来酸酐(MA)发生酯化或酰化反应，得到能溶解于蒸馏水的水溶性壳聚糖(CSM)，同时引入了功能基团 CO—CH═CH—COOH。

(2) 制备

称取 1 g 壳聚糖溶解于 50 mL 80%乙酸溶液中，加入 30 mL 甲醇，搅拌混匀。取 1 g 马来酸酐溶于 20 mL 甲醇，冰浴下加入等物质的量的吡啶，混匀，缓慢滴加到壳聚糖混合溶液中，65℃下反应 12 h，冷却，加入丙酮，析出的沉淀用 95%乙醇洗涤 3 次，得到水溶性壳聚糖 CSM [51]。

(3) 性能

壳聚糖分子链上的部分羟基或氨基与 MA 反应得到 CSM，可以推测，CSM 具有两性聚电解质的性质。在低 pH 下，CSM 分子链具有不带电荷的—COOH 基团和带正电荷的$—NH_3^+$基团，此时，CSM 可以看做阳离子聚电解质，并且由于$—NH_3^+$基团间的静电排斥力作用，CSM 在溶液中溶解良好。在高 pH 下，$—NH_3^+$基转变为$—NH_3$，而—COOH 发生电离，CSM 仍可以溶解成透明的水溶液。在等电点(IEP)，$—NH_3^+$所带正电荷的数量与$—COO^-$所带负电荷的数量基本相等，CSM 呈紧密的构象形式，溶液变浑浊。实验测得，CSM 水溶液在 pH=6.4 时具有最大吸收(图 6.3)，即浊度最大，故 CSM 的等电点为 6.4。

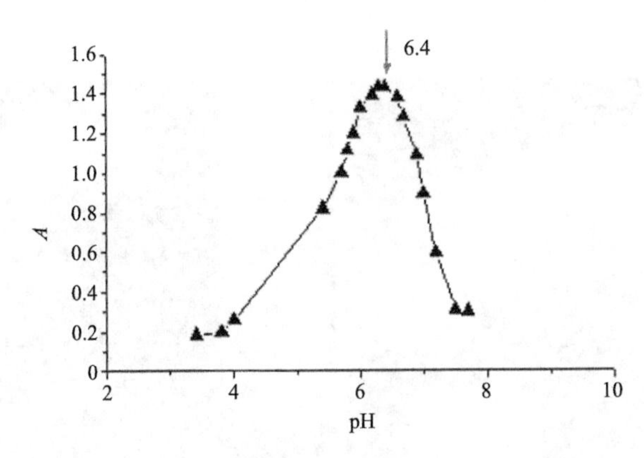

图 6.3　CSM 溶液在不同 pH 下的紫外吸光度

水凝胶可以通过共价键化学交联，或者离子键、氢键和疏水缔合等物理作用形成。CSM 分子链上含有大量的羧基、羟基和氨基，既是强亲水基团，同时又可以作为交联点。大多数交联剂都有一定的毒性，由氢键、静电或疏水作用等形成的壳聚糖凝胶，可避免残余交联剂的负面作用，以便用作生物医用材料。

CSM 具有两性聚电解质的特点，分子链内/间存在静电作用力，也存在一定的亲、疏水作用。当溶液浓度较低时，CSM 的分子链较为舒展，可自由流动。当浓度提高到 0.05 g/mL 后，CSM 分子链之间形成网络，得到块状 CSM 凝胶，表现出增浓触变凝胶化现象[图 6.4(a)]。将 0.035 g/mL CSM 水溶液置于 4℃中 1 h，由于氢键及静电作用力，溶液转变为不可流动的凝胶，再置于室温一段时间后，氢键及静电作用力削弱，又恢复原有的流动状态，呈现温度敏感、可逆的溶液-凝胶转变特性[图 6.4(b)]。

CSM 分子链上含有氨基，可与海藻酸钠 SA 的羧基发生静电相互作用。在磁力搅拌下，将 5 mg/mL SA 溶液缓慢加入 5 mg/mL CSM 溶液中，SA 溶液加完后继续搅拌 30 min，以 25000 r/min 的速率离心，用少量蒸馏水洗涤，得到 CSM-SA 聚电解质凝胶。这三种凝胶均是在温和条件下形成的，而且 CSM 和 SA 溶液均在中性下配制，因此，可将蛋白质与 CSM 溶液混合，形成包载蛋白质药物的制剂。

图 6.5 是羧基含量为 20.66%和 36.21%的 CSM 浓致凝胶载 HB、CSM-SA 凝胶载 HB 的体外释放曲线。由图可知，不同凝胶样品中的 HB 均没有暴释，呈缓释行为，说明 HB 在凝胶中分散均匀，得到很好的包载。CSM-SA 之间的离子作用，弱于 CSM 分子链本身的聚集，即浓致凝胶较聚电解质凝胶致密。因此，从浓致凝胶中释放出来的 HB 量，明显低于聚电解质凝胶的释放量。而且，羧基含

量对浓致凝胶中 HB 的释放影响较小，CSM-SA 凝胶的释放量，则随着羧基的增多明显提高。

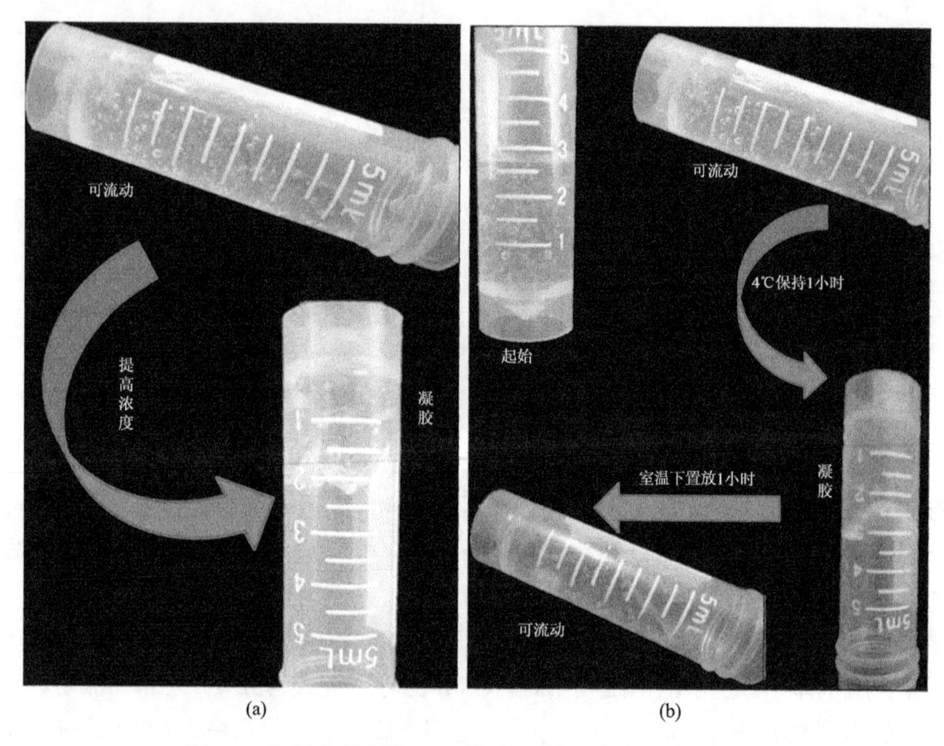

图 6.4 水溶性壳聚糖 CSM 的浓度(a)、温度(b)敏感相变

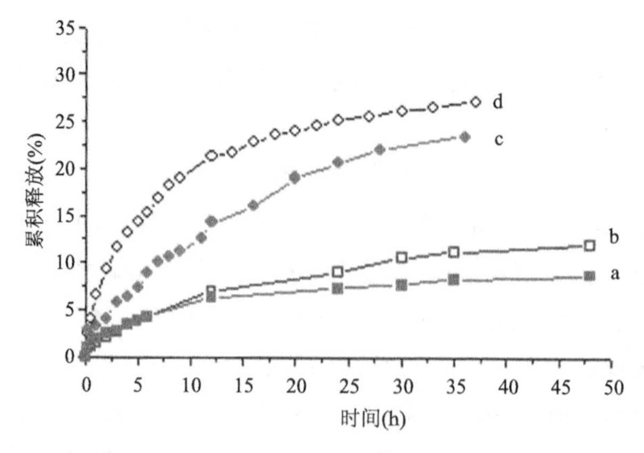

图 6.5 水溶性壳聚糖基凝胶的体外释放(0.1 mol/L pH=7.4 PBS，37℃)(a～d 所用 CSM 的羧基含量：a、d 为 36.21%，b、c 为 20.66%；组成：a、b：CSM/HB，c、d：CSM-SA/HB)

1. 组装多层聚电解质复合微球

(1)设计

要解决的问题：溶解于蒸馏水的 CSM 是否仍然保持壳聚糖的聚阳离子性质，与 SA 进行层-层自组装。

思路：以乳化-内部凝胶法制备海藻酸钙磁性微球，作为基质或起始模板，利用交替浸泡法进行逐层自组装，可制得海藻酸钠-水溶性壳聚糖的多层聚电解质复合微球[51]。

(2)组装过程

称量 0.48 g 海藻酸钠溶解于 30 mL 蒸馏水中，加入 0.3 g $CaCO_3$ 和 0.2 g Fe_3O_4 磁流体，超声分散 30 min，搅拌下加入 70 mL 1% Span60-液体石蜡溶液，以 700 r/min 的速度搅拌 15 min，加入 20 mL 含有 0.5 mL 冰乙酸的液体石蜡，继续搅拌 1 h，所得微球加入 200 mL 0.2 mol/L pH=5.4 的缓冲溶液中，洗涤并进行磁分离，重复此过程至微球不含油相，得到海藻酸钙磁性微球。

将海藻酸钙磁性微球加入 0.1% CSM 溶液中，搅拌 30 min，外加磁场，分离，加入少量蒸馏水除去多余的 CSM 溶液，再加入海藻酸钠溶液，如此重复即得多层复合微球(图 6.6)。

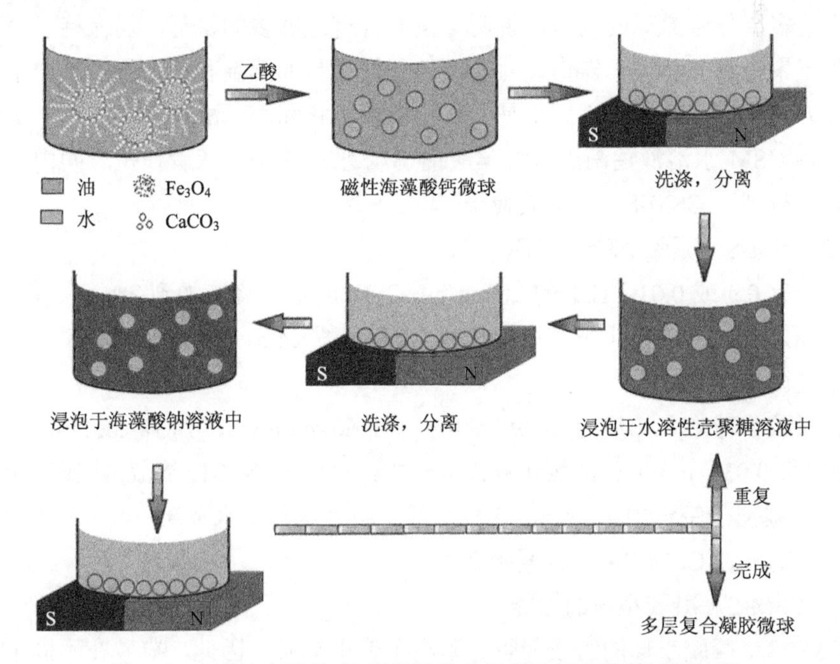

图 6.6　水溶性壳聚糖-海藻酸钠的多层磁性复合微球制备过程

(3) 组装结果

复合微球的内核为海藻酸钙/Fe_3O_4，其表面覆盖一层海藻酸钠-水溶性壳聚糖聚电解质复合物，复合物的表面又为海藻酸钠包覆，如此类推。得到 0 层微球(海藻酸钙磁性微球)、1 层微球(涂覆了 SA-CSM 的微球)和 2 层微球(涂覆了 SA-CSM-S 的微球)等。0～4 层微球的体积平均粒径分别为 171.0 μm、205.1 μm、281.9 μm、283.9 μm 和 315.2 μm。微球具有超顺磁性，磁饱和强度在 16 emu/g 左右。温和的制备过程使得微球适合于包载药物(如牛血红蛋白 HB)。HB 的释放行为表明，复合层数影响了释药速率的快慢。

2. 与 SA 生成凝胶小球

(1) 设计

要解决的问题：溶解于蒸馏水的 CSM 是否仍然保持壳聚糖的聚阳离子性质，与 SA 进行离子交联。

思路：壳聚糖溶于稀酸，分子链上的氨基质子化，成为聚阳离子，能与带负电荷的海藻酸钠或透明质酸(或称玻璃酸、玻尿酸，HA)等聚阴离子发生离子自组装，形成聚电解质复合物(PEC)[52, 53]。这是一个使壳聚糖和带相反电荷的另一天然多糖高分子，通过物理方式形成新聚合物的过程。

上述多层复合微球的制得，说明 CSM 含有足够多的氨基，仍保持了壳聚糖的阳离子聚电解质特性。操作如此简便、条件又是如此温和的过程，是一个很好的研发方法，值得继续运用。于是，我们尝试由它和海藻酸钠形成凝胶。实验观察到，将 CSM 水溶液逐滴滴入海藻酸钠(SA)水溶液中，两者在短时间内发生离子交联，得到了 CSM-SA 水凝胶粒子[54]。

(2) CSM-SA 凝胶小球的制备

将溶有 0 g 或 0.01 g HB 的 20 mg/mL CSM 溶液逐滴滴加到 2 % SA 溶液中，静置 24 h，取出小球，用少量蒸馏水洗涤，40℃干燥 24 h，得到干的(载药) CSM-SA 复合凝胶微球(图 6.7)。

将凝胶小球加入浓度为 0.99 mol/mL、0.66 mol/mL、0.132 mol/mL、0.066 mol/mL 和 0.033 mol/mL 的氯化亚铁溶液中，用饱和 NaOH 溶液调整溶液的 pH 至 13，并暴露于空气中 10 min，取出小球，用少量蒸馏水洗涤，40℃干燥 24 h，则得到干的磁性 CSM-SA 复合凝胶微球。

(3) CSM-SA 凝胶小球的性能

CSM-SA 凝胶小球的组成为阴、阳离子聚电解质，因此，凝胶在不同 pH 条件下，会有不同的溶胀行为。凝胶小球置于中性介质时，此时 pH 接近于 CSM 的等电点，较多的氨基和羧基以离子形式存在，网络内的排斥力较大，因而凝胶的溶胀比较大。当介质呈酸性或碱性时，其 pH 偏离 CSM 的等电点，CSM-SA 分子链上的—NH_3^+或—COO^-羧基较少，网络内的排斥力较小，凝胶的溶胀比也就较小。再次将凝胶置于 pH 由低到高的介质中，其溶胀行为基本重复(图 6.8)。

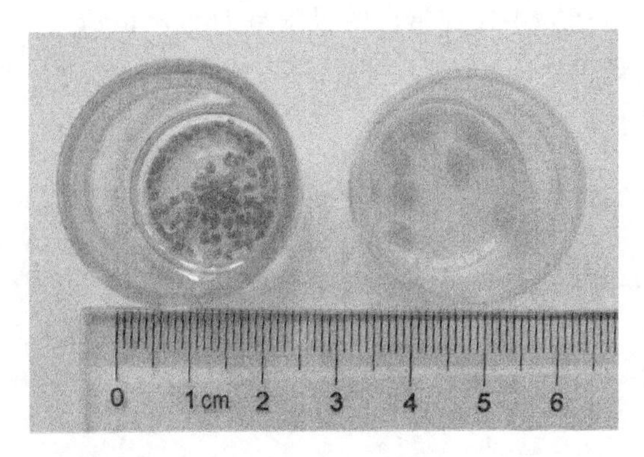

图 6.7　水溶性壳聚糖-海藻酸钠的水凝胶小球(左：干，右：湿)

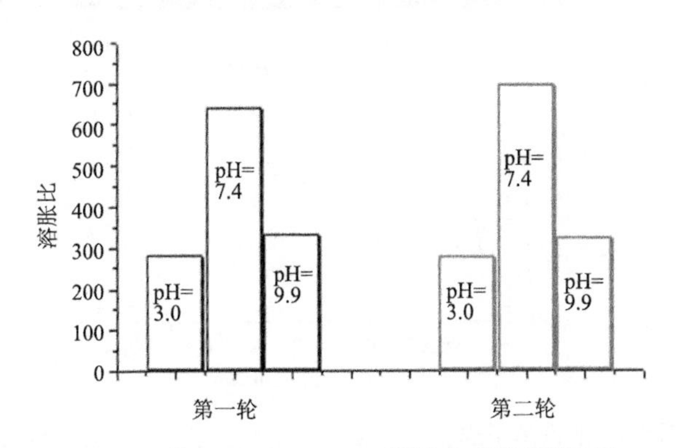

图 6.8　不同 pH 下 CSM-SA 凝胶小球的溶胀行为

CSM-SA 凝胶小球含有可电离为阴、阳离子的基团，因此，凝胶能够吸附酸性或碱性气体、重金属离子(如铅离子或铜离子)。含水率 8.82%的凝胶小球置于 H_2S 气体或 NH_3 气体中 24 h，对硫化氢和氨气的吸附容量分别为 28.5 mg/g 和 27.8 mg/g。凝胶小球含有氨基和羧基，所以 CSM-SA 凝胶小球也可用于有毒的重金属离子的吸附，对 Pb^{2+}和 Cu^{2+}的吸附容量分别可达到 88.2 和 66.0 mg/g。CSM-SA 凝胶小球还适合作为蛋白质药物的载体，HB 的包载率可达 100%。

可以很方便地使 CSM-SA 凝胶小球具有磁响应性[51]，而且只需要改变氯化亚铁溶液的初始浓度，就可调节凝胶小球的磁性强度。如图 6.9 所示，当磁铁和装有磁性小球的样品袋间距适当时，样品袋会被磁铁吸引过来，这个距离的大小反映了小球磁性的强弱，它取决于 Fe^{2+}的起始浓度。由振动样品磁强计在 20000 高斯（1 Gs=10^{-4} T）的磁场中测得，磁性微球具有超顺磁性，氯化亚铁初始浓度为 0.033 mol/mL、0.132 mol/mL 和 0.99 mol/mL 所得小球的磁饱和强度分别为 1.128 emu/g、3.115 emu/g 和 4.795 emu/g。

磁性小球对模拟药物牛血红蛋白的吸附量为 5.6 mg/g，两轮脱吸附-再吸附后，第三次的吸附量仍达 4.2 mg/g，保持了 75%的吸附能力，即磁性小球具有一定的重复使用可能性。

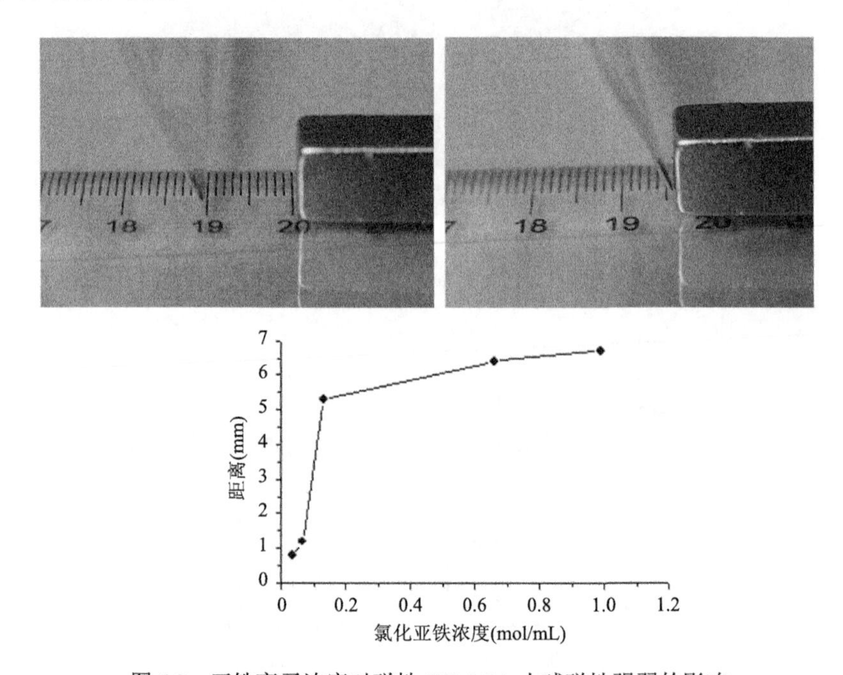

图 6.9　亚铁离子浓度对磁性 CSM-SA 小球磁性强弱的影响

可见，CSM-SA 凝胶小球在金属离子和气体吸附以及药物缓释等方面均表现出良好的性能，但新制备的水凝胶小球机械强度差。

3. 与可控 PVAM 生成凝胶

(1) 设计

要解决的问题：溶解于蒸馏水的 CSM 含有碳-碳双键，能否由它简便地形成壳聚糖基水凝胶。

思路：CSM 分子链的侧基含有碳-碳双键，而分子量可控的 PVA 与马来酸酐发生酯化反应得到的产物 PVAM 也含有碳-碳双键。因此，CSM 与 PVAM 两个大分子单体通过自由基交联反应，可得到性能依赖于 PVA 链长的水凝胶[55]。

(2)化学法制备 CSM-可控 PVA 凝胶

称取 1.0 g CSM 溶于 10 mL 蒸馏水中，称取 2.0 g 不同分子量的 PVAM 溶于 10 mL 蒸馏水中，混合 CSM 和 PVAM 溶液，在 60℃下以过硫酸钾为引发剂，反应 3 h，得到白色凝胶状固体，用大量蒸馏水洗涤，除去未反应的 CSM 和 PVAM，即得到 CSM-PVA 凝胶。

(3)CSM-可控 PVA 凝胶的的性能

由乙酸乙烯酯进行 RAFT 聚合，制得数均分子量为 2.3×10^4～5.4×10^4 的 PVAc，经醇解、酯化得到碳-碳双键质量百分数 C═C%为 3.05%～5.65%的 PVAM。

PVAM 和 CSM 交联所得到的 CSM-PVA 凝胶，T_g 介于 83～91℃，储存模量 E'为 47.68～339.07 MPa，凝胶的力学性能可以通过 PVA 链长的改变而加以调节。

CSM-PVA 凝胶含有可电离的基团，凝胶在不同 pH 的介质中的溶胀度不同，凝胶呈 pH-响应性溶胀行为。PVAc 分子量越大，所得 PVAM 中双键的含量越高，凝胶的交联度越大，相应溶胀比越小(图 6.10)。

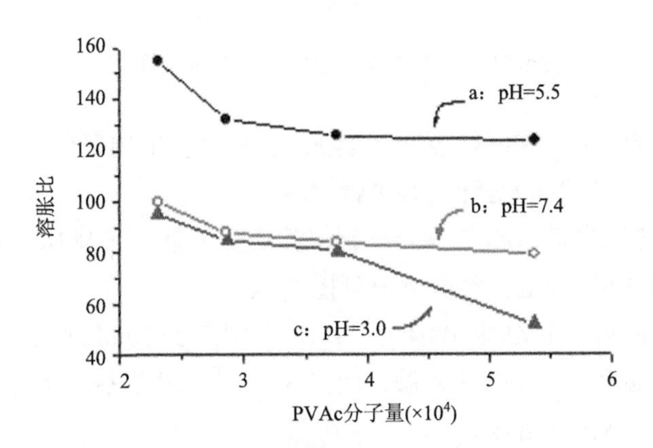

图 6.10　CSM-PVA 凝胶溶胀行为的链长依赖性

CSM-PVA 凝胶含有 NH_2、OH 和 COOH 基团，能够吸附金属离子。分子量为 2.3×10^4～5.4×10^4 的 PVAc 衍生的凝胶，对 Cu^{2+}和 Pb^{2+}的吸附容量分别在 20.3～17.13 mg/g 和 60.1～44.7 mg/g。分子量大的 PVAc 所得 PVAM 含有较多的碳-碳双键，相应凝胶的交联度较高，凝胶的平衡溶胀度较低，吸附的 Cu^{2+}和 Pb^{2+}也就较少。

该 CSM-可控 PVA 凝胶是通过自由基反应实现化学交联而制得的，上述反应在 60℃下进行，在此温度下易于变性的物质不宜在形成凝胶的同时就地包载。对此，可以采用氧化-还原引发体系，在常温下反应。

4. 与可控 PVA 生成凝胶

(1) 设计

要解决的问题：如何在壳聚糖分子链上引入链长可控的 PVA，并形成相应的物理交联水凝胶。

思路：乙酸乙烯酯以黄原酸酯为 CTA 进行 RAFT 聚合，再经醇解得到可控 PVA，氨解就地生成巯基，并与含有碳-碳双键的 CSM 发生硫醇-烯点击反应，得到 CSM-可控 PVA 缀合物(图 6.11)。

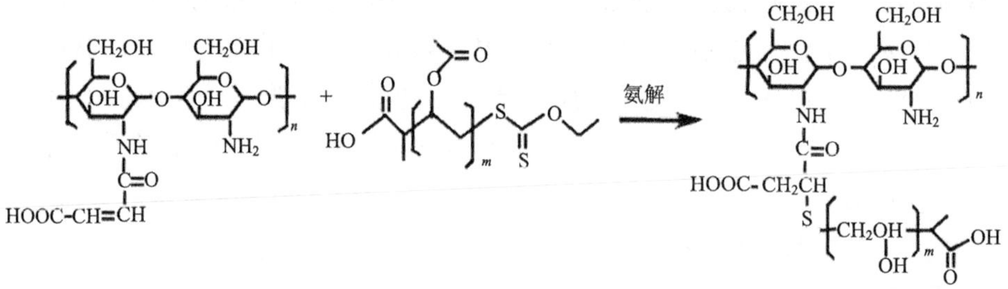

图 6.11　一锅法合成 CSM-可控 PVA 缀合物

含有 PVA 组分的 CSM-可控 PVA 经反复冻-融发生物理交联，生成凝胶。

(2) 物理法制备载药 CSM-可控 PVA 凝胶

由乙酸乙烯酯进行 RAFT 聚合，制得数均分子量为 1.1×10^4 和 3.1×10^4、PDI 分别为 1.2 和 1.3 的 PVAc，经醇解得可控 PVA。

称取 1.79 g 可控 PVA 和 0.04 g CSM，分别溶于 10mL 水中，混合均匀，加入 0.1 mL 正丁胺和 0.19 mL 三乙胺，反应 6 h，放入透析袋透析 2 天，冷冻干燥，得到 CSM-可控 PVA 缀合物。

称取两份 0.6 g CSM-可控 PVA，分别溶解于 5 mL 蒸馏水中，分别加入 0.03 g 考马斯亮蓝 G250 和 HB，溶解后倒入模具，经过−16℃冷冻 21 h、室温下解冻 4 h 三个循环过程，得到载药的 CSM-可控 PVA 湿凝胶，37℃真空干燥，得相应的干凝胶。

(3) 载药 CSM-可控 PVA 凝胶的结构与性能

CSM 具有两性聚电解质的特点，分子链含有大量的带电亲水基团。在形成物理水凝胶时，CSM 自身能形成链间氢键作用，它与可控 PVA 分子链上的羟基也会形成氢键，可控 PVA 在冻-融循环过程中生成微晶区，可控 PVA 与 CSM 又通过共价键存在于同一分子链上。因此，CSM-可控 PVA 凝胶是一个紧密的带电网络。可控 PVA 分子量越大，氢键作用越强、微晶区越多，即物理交联度越高，凝胶更加紧密，模拟药物 HB 或考马斯亮蓝 G250 的释放速率也就越低(图 6.12)。载有模拟药物的凝胶在缓冲溶液中的释放机制，主要是溶解、扩散和渗透。包载于 CSM-可控 PVA 凝胶中的考马斯亮蓝和 HB，分别是疏水小分子化合物和水溶性大分子蛋白质。因此，考马斯亮蓝的释放速率低于 HB。

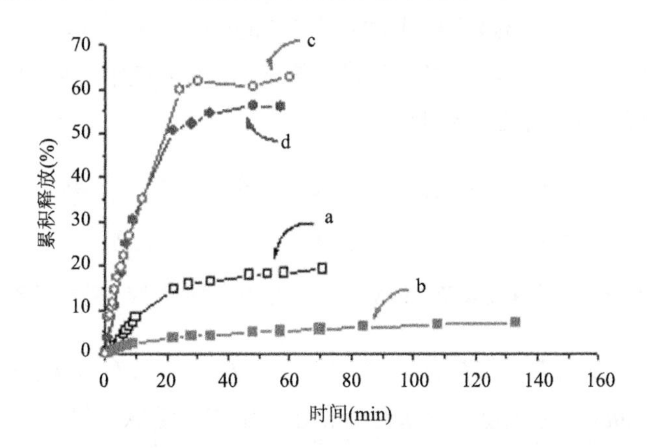

图 6.12　载药 CSM-可控 PVA 凝胶的体外释药行为(0.2 mol/L pH=7.4 硼酸-硼砂，37℃)(a: CSM-PVA10K/G250, b:CSM-PVA30K/G250, c:CSM-PVA10K/HB, d:CSM-PVA30K/HB)

5. 与 SA 生成核-壳凝胶小球

(1) 设计

要解决的问题：如何利用 CSM 的水溶性和聚阳离子性质，由它与 SA 简便地形成核-壳结构的壳聚糖基水凝胶。

思路：如上所述，增大 CSM 的浓度会发生凝胶化，CSM 可与海藻酸钠 SA 形成聚电解质复合物 CSM-SA。此外，CSM 分子链上的氨基和羧基赋予其 pH-响应性，即 CSM 凝胶在适当 pH 范围会发生凝胶-溶液相变。基于 CSM 的这几个特性，以 CSM 凝胶为种子，可形成 CSM 为核、CSM-SA 为壳的核-壳凝胶粒子。为了进一步稳定外壳，粒子用饱和氯化钙溶液处理，使外壳转化为 CSM-SA-Ca(II)复合物。所得凝胶粒子经酸处理，CSM 内核溶解于水溶液中并逸出外壳，留下内核为溶液的空核粒子，内核还可进一步转化为无机物[56]。

(2) Ca(II)-SA-CSM@CSM 核-壳凝胶小球的制备

称取 0.5 g CSM，溶于 25 mL 蒸馏水，称取 2.0 g 的 SA，溶于 100 mL 蒸馏水，将 CSM 溶液逐滴滴加到 pH=6.4 的缓冲液中，静置 10 min，过滤，用少量蒸馏水淋洗，得到 CSM 凝胶小球。将 CSM 小球加入 SA 溶液中，静置 1 min，取出，得到 SA-CSM@CSM 小球。再将 SA-CSM@CSM 小球放入饱和 $CaCl_2$ 溶液，30 s 后取出，用少量蒸馏水洗涤，得到核-壳结构的 Ca(II)-SA-CSM@CSM 小球。

将 Ca(II)-SA-CSM@CSM 核-壳小球置于 1.0 mol/L 的 HCl 溶液中，静置 6 h，得到空核结构的球形 Ca(II)-SA-CSM@O 凝胶(O 代表空核)，用蒸馏水洗涤球形凝胶，将 Ca(II)-SA-CSM@O 空核小球置于 0.5 mg/mL 的 Cu^{2+}溶液中，静置 10 min，洗去小球表面的 Cu^{2+}溶液，再将小球置于饱和 Na_2S 溶液中，即得到包载 CuS 的 Ca(II)-SA-CSM@CuS 球形复合凝胶(图 6.13)。

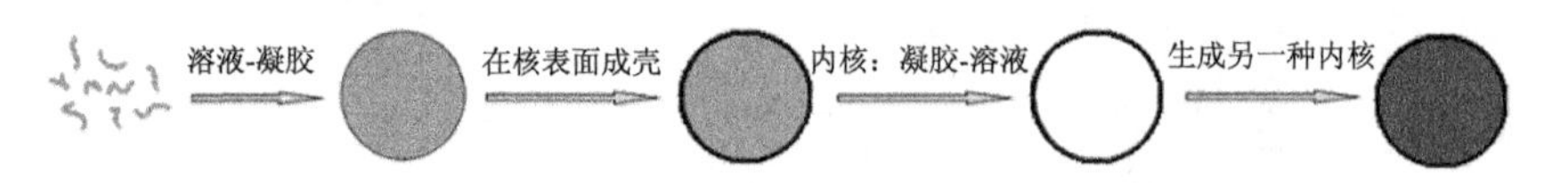

图 6.13　水溶性壳聚糖与海藻酸钠形成内核可调凝胶小球的示意图

显然，核-壳凝胶粒子的内核可在凝胶、液体和无机物之间变换。Ca(II)-SA-CSM@O 空核凝胶小球的外壳在水中充分溶胀，利于物质交换；它由阴、阳两种离子构成，具备结合路易斯酸或路易斯碱的能力；内核为水溶液时，水溶性物质可溶解于其中。因此，它可用于酸性或碱性气体的固定、金属离子的螯合、蛋白质药物的吸附包载以及复合凝胶的生成等。

(3) Ca(II)-SA-CSM@CSM 核-壳凝胶小球的应用

将 Ca(II)-SA-CSM@O 空核小球分别浸泡在水、1 mol/L NaOH 和 2 mol/L NaOH 溶液中，通入二氧化碳气体 5 h，将小球置于饱和 $CaCl_2$ 溶液中，静止 20 min，得到包载碳酸钙的 Ca(II)-SA-CSM@$CaCO_3$ 复合凝胶小球。二氧化碳在水中的稳定性不高，为了避免二氧化碳的可逆逸出，预先内置钙离子，两者在内核的水介质中生成碳酸钙，从而实现二氧化碳的固化。此外，碱性的内核也有利于二氧化碳的固定。若将 Ca(II)-SA-CSM@O 空核小球置于 200 mmol/L $CaCl_2$ 溶液中，并用缓冲溶液调节 pH 为 7.4，浸泡 1.5 h，用蒸馏水洗去小球表面的 $CaCl_2$ 溶液，再将小球置于 120 mmol/L Na_2HPO_4 溶液中，静置 20 min，则得到包载羟基磷灰石的 Ca(II)-SA-CSM@HA 复合凝胶小球[57]。

此外，Ca(II)-SA-CSM@CSM 核-壳小球和 Ca(II)-SA-CSM@O 空核小球还可以用于吸附铜离子和铅离子。

(4) Ca(II)-SA-CSM@CSM 核-壳凝胶小球的增强

上述核-壳小球是由物理过程形成的，有一定特色，但存在机械强度差的弱点。利用 PVA 经冷冻-解冻形成凝胶的温敏特性以及 CSM 的酸敏凝胶化的特性，可以得到强度提高的核-壳凝胶小球[58]。

① Ca(II)-SA-CSM@CSM/PVA 核-壳凝胶小球的制备

乙酸乙烯酯发生 RAFT 聚合，再经醇解得到可控 PVA。

称取 0.5 g PVA，溶于 5mL 蒸馏水，加入 10 mL 2% CSM 溶液，搅拌混匀，逐滴滴加到冰冷却的乙醇溶液中，–16℃下冷冻 24 h，室温解冻 5 h，如此循环 3 次，得到 CSM/PVA 凝胶小球。再将 CSM/PVA 凝胶小球置于 pH=6.4 的缓冲液中 10 min，过滤，用少量蒸馏水淋洗，得到致密的 CSM/PVA 凝胶小球。然后，将 CSM/PVA 小球置于 0.2 g/mL SA 溶液中 1 min，得到 SA-CSM@ CSM/PVA 小球。最后，将 SA-CSM@CSM/PVA 小球置于 0.2 g/mL $CaCl_2$ 溶液 30 s，取出，用蒸馏水淋洗小球表面，得到 Ca(II)-SA-CSM@CSM/PVA 双敏性核-壳凝胶小球。

经沉淀-冻融-酸致-离子自组装，制得 Ca(II)-SA-CSM@CSM/PVA 核-壳凝胶小球(图 6.14，图中 WSC 表示水溶性壳聚糖，此处为 CSM)，整个流程的各个步骤均为物理过程，操作简便、条件温和。

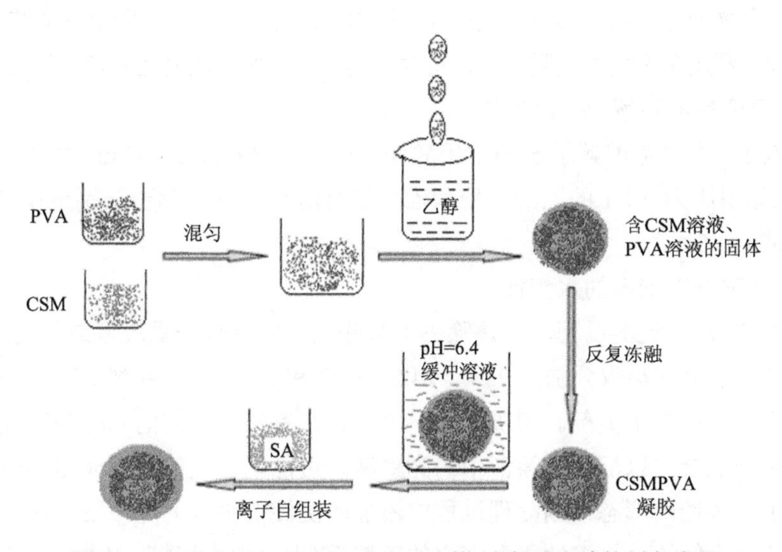

图 6.14　Ca(II)-SA-CSM@CSM/PVA 核-壳凝胶小球的制备流程

② Ca(II)-SA- CSM@CSM/PVA 核-壳凝胶小球的性能

由 DMTA 测得，Ca(II)-SA-CSM@CSM、Ca(II)-SA-CSM@CSM/PVA-1 和 Ca(II)-SA- CSM@CSM/PVA-2 凝胶的储存模量 E'分别为 2.74 MPa、5.603 MPa 和 7.778 MPa。随着 PVA 链长的增大，反复冷冻-解冻形成的微晶区增多，力学性能得以提高。PVA-1 的分子量低于 PVA-2，故由 PVA-2 制得的凝胶强度较高，而未添加 PVA 的凝胶强度低了 2～3 倍。

同样地，Ca(II)-SA- CSM@CSM/PVA 核-壳凝胶小球可吸附二氧化碳、硫化氢和氨气，也可吸附铜离子和铅离子，还可以吸附 α-淀粉酶并用作催化剂。由于力学性能的改善，PVA 增强的凝胶小球更便于操作。

水溶性壳聚糖能够在无酸的介质中使用，无疑地，这将扩大壳聚糖的应用范围。但是，上述通过化学改性得到的水溶性壳聚糖，实际上是壳聚糖衍生物。因此，通过物理过程使商品壳聚糖转化为溶于无酸水的壳聚糖，是值得期待的。

6.2.2 物理法制备水溶性壳聚糖

(1) 设计

要解决的问题：如何获得真正的水溶性壳聚糖？

思路：聚合物的溶解性与其结晶度、分子链之间的相互作用(包括氢键和缠结等)有关。因此，改变聚合物的形态结构，将改变其溶解性。壳聚糖的结晶性强、分子链上又有易于形成链间或链内氢键的氨基和羟基，这是其溶解性差的主要原因。通常，聚合物的形态结构形成于从溶液中析出或熔体冷却过程。因此，调节其溶解-沉淀过程，利用劣溶剂的阻隔作用，可改变其形态结构，从而达到预定目的[59]。

(2) 壳聚糖的溶解-沉淀处理

称取 1 g 壳聚糖溶解于 50mL 甲醇和 100 mL、80 mL 或 50 mL 10%乙酸溶液中，加入体积比为 9∶1 的乙酸乙酯和乙醇混合溶剂，析出沉淀，分别记作 CS-100、CS-80 或 CS-50。

(3) 处理过壳聚糖的水溶性

一般的溶解-沉淀过程，只是除去了某些杂质或者分子量较低或较高的部分。这里，选用了溶度参数分别为 23.4、14.5、12.7 和 9.1 的水、甲醇、乙醇和乙酸乙酯分别作为溶剂和沉淀剂。用极性和溶度参数都有较大差别的乙醇和乙酸乙酯，按适当比例混合，以沉淀出溶液中的壳聚糖。可能是一定的溶剂笼阻隔效应，从而改变了壳聚糖的形态；当处理过程中添加的沉淀剂用量为 100 mL 时，商品壳聚糖转变成为能够直接溶解于蒸馏水的壳聚糖(水溶性壳聚糖，WSC)，所得水溶液透明、无任何细小颗粒(图 6.15)。

可以预期，水溶性壳聚糖 WSC 将有一些吸引人的应用。

1. 水溶性壳聚糖季铵盐-海藻酸钠凝胶

(1) 设计

要解决的问题：若针对水溶性壳聚糖 WSC 的聚阳离子特性进行功能化，将产生怎样的结果。

图 6.15 处理过壳聚糖(a)及其水溶液(b)

思路：将水溶性壳聚糖季铵化，可进一步提高水中溶解度和正电荷密度，季铵化水溶性壳聚糖与聚阴离子海藻酸钠更加易于发生静电相互作用，两者形成的凝胶在形态和性质上，都不同于水溶性壳聚糖与海藻酸钠所形成的凝胶。一个有趣的现象是：在酸性条件下，吸纳金属离子或染料溶液，转化为胶囊(图 6.16)。

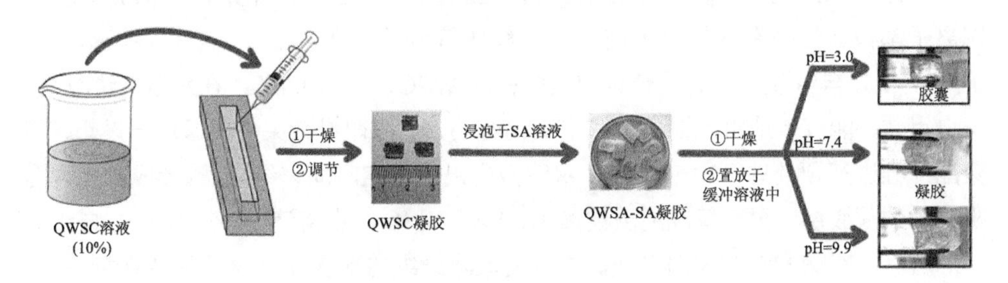

图 6.16 季铵化壳聚糖-海藻酸钠凝胶及其水溶液胶囊的形成

(2) 形成与性质

10% QWSC 水溶液注射到条状模具中，在 55℃下烘干并不断补加 QWSC 溶液，制备出具有一定厚度的 QWSC 样条品。切割成一定大小的 QWSC 块状样品，置于 1%海藻酸钠(SA)水溶液中浸泡 12 h，用蒸馏水冲洗，除去残留于表面的 SA，55℃下干燥 6 h，得到 QWSC-SA 凝胶。QWSC-SA 凝胶置于 pH 3.0 的缓冲溶液或者其他物质(如硫酸铜、硝酸铅或罗丹明 B)的水溶液，转化为相应的胶囊(图 6.17)。这样的胶囊具有一定的强度，可用镊子夹起、移动。相同条件下 WSC 和 SA 只形成凝胶，对金属离子的包载能力不如 QWSC-SA 胶囊。控制反应时间，可以调节 QWSC 的季铵度，从而进一步调控 QWSC-SA 凝胶或胶囊的性能[60]。

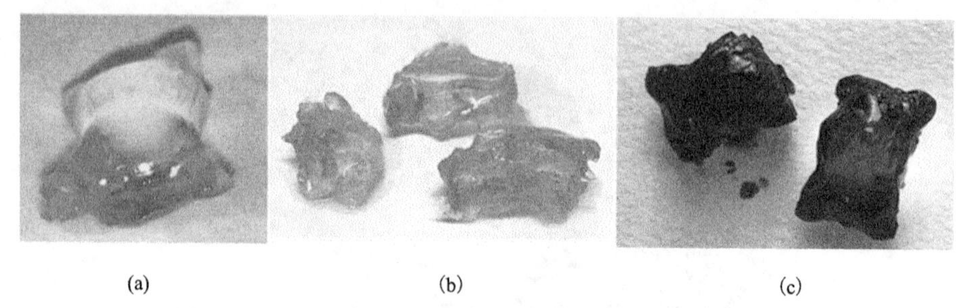

(a)　(b)　(c)

图 6.17　含硫酸铜(a)、硝酸铅(b)或罗丹明 B(c)水溶液的季铵化壳聚糖-海藻酸钠胶囊

2. 水溶性壳聚糖-海藻酸钠-铜离子多层膜

(1)设计

要解决的问题：能否利用水溶性壳聚糖 WSC 的聚阳离子特性，与聚阴离子 SA 以及铜离子之间，发生静电作用而得到相应的高分子。

思路：水溶性壳聚糖、海藻酸钠和硫酸铜都具有良好的水溶性，而壳聚糖和铜离子都被认为是有效的阻燃剂，它们都是阳离子组分，可与 SA 等多糖基阴离子进行 LbL 自组装。因此，带有相反电荷的 WSC、Cu^{2+}和 SA，在水溶液进行层-层自组装，能有效地引入铜离子和含氮化合物，达到阻燃效果。根据这一设想，将聚酯纤维进行预处理，在 PVA/SA 水溶液中浸泡一定时间、经冻-融形成表面含有阴离子的凝胶层，再交替浸泡于铜离子、SA、WSC 的水溶液中，进行 LbL 自组装(图 6.18)，在聚酯纤维表面形成涂层，使聚酯纤维的耐燃性得到了明显改善[61]。

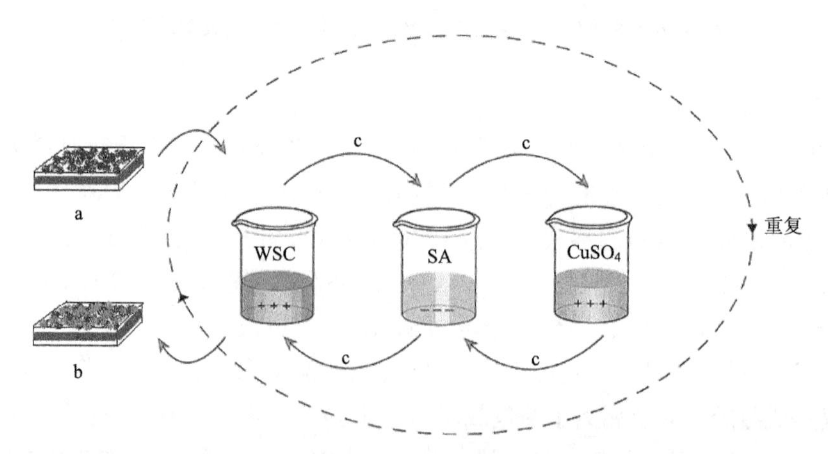

图 6.18　水溶性壳聚糖-海藻酸钠-铜离子经 LbL 组装形成耐燃多层膜(a：预处理基质，b：复合纤维，c：蒸馏水洗涤)

(2) 水溶性壳聚糖-海藻酸钠-铜离子的 LbL 自组装

将聚酯纤维按照测试标准裁剪成 13cm×5cm 样条。称取 2 g 絮状 PVA，加 20 mL 蒸馏水搅拌加热至溶解完全，待溶液冷却至室温后加入 60 mL 浓度为 2%的海藻酸钠溶液，混合均匀。将裁剪好的聚酯纤维浸入混合液中完全润湿，平铺在平底搪瓷盘上，置于冰箱冷冻室中 24 h，取出，置于室温(20～25℃)中解冻，即得到表面包覆海藻酸钠/PVA 凝胶的聚酯纤维基质。

将基质完全浸没在浓度为 2 mg/mL 的硫酸铜溶液中 15 min，取出，用蒸馏水洗涤三次；接着浸没在 2%的海藻酸钠溶液中 30 s，取出，用蒸馏水洗涤三次；再浸没于 2%水溶性壳聚糖溶液中 30 s；如此按照离子正负顺序进行多次浸没、蒸馏水洗涤；最后将样品平铺在玻璃板上，冷冻干燥 24 h，得到目标层数的复合聚酯纤维。

(3) 水溶性壳聚糖-海藻酸钠-铜离子多层膜的性质

极限氧指数(LOI)是指材料在氮氧混合气体中，刚能支撑其燃烧时的氧气浓度所占的体积分数。极限氧指数越高表明材料燃烧所需要的氧含量越高，即材料越不易燃烧。图 6.19 是引入单一或两种阻燃剂之后样品的 LOI 与自组装次数的关系。

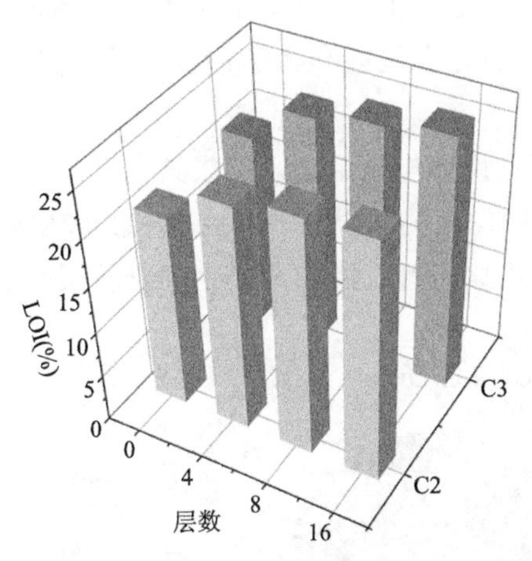

图 6.19　耐燃膜层的极限氧指数值与层数的关系图($C2:SA\text{-}Cu^{2+}$，$C3:WSC\text{-}SA\text{-}Cu^{2+}$)

显然，0 层样品的 LOI 值最低，而随着 LbL 自组装循环次数的增多，即层数增大，样品的 LOI 值随之提高，且三组分($WSC\text{-}SA\text{-}Cu^{2+}$)所得的 LOI 值略高于两组分($SA\text{-}Cu^{2+}$)所得，即引入双阻燃剂较单一阻燃剂的耐燃性能好，并且均优于未改性聚酯纤维。

3. 水溶性壳聚糖/PVAM-AA 互穿网络

(1) 设计

要解决的问题：能否利用水溶性壳聚糖分子链上的氨基，与含有羧基的聚合物网络之间发生氢键作用，而得到互穿网络或物理交联-化学交联双网络。

思路：WSC、聚乙烯醇基大单体(PVAM)和丙烯酸(AA)的水溶液发生自由基交联反应，形成 WSC/PVAM-AA 互穿网络型水凝胶[62]。

(2) 制备

称取 0.245 g PVAM 溶解于 4 mL 蒸馏水，加入 0.075 g AA、一定量的 WSC(与 PVAM 的质量比分别为 0%、5%、10%和 30%) 以及 0.05 g KPS，混合均匀，倒入培养皿中铺匀，70℃水浴中反应 5 h。

(3) 性能

WSC/PVAM-AA 的凝胶分数高于所用 PVAM 的质量分数，说明凝胶样品中含有 WSC，即得到了预期的 IPN(图 6.20)。由于 WSC 能够均匀地溶解于网络中，其分子链上的氨基得以和 PVA 基网络上的羧基形成氢键，WSC/PVAM-AA 水凝胶的强度显著高于由壳聚糖制得的 CS/PVAM-AA 水凝胶(图 6.21)，且表现出明显的自愈特性(图 6.22)。此外，由于含有羧基，凝胶呈现 pH-响应性溶胀。而且，WSC/PVAM-AA 的力学性能和酸敏溶胀，可方便地由反应物的投料比加以调节。

作者和合作者曾经利用静电自组装，形成具有良好耐燃性能的涂层，并证明阻燃是 WSC 和 Cu^{2+} 协同作用的结果[61]。结合 WSC/PVAM-AA 凝胶的自愈特性，作者和合作者构建了既有阻燃性又有自愈能力的凝胶层[63]。

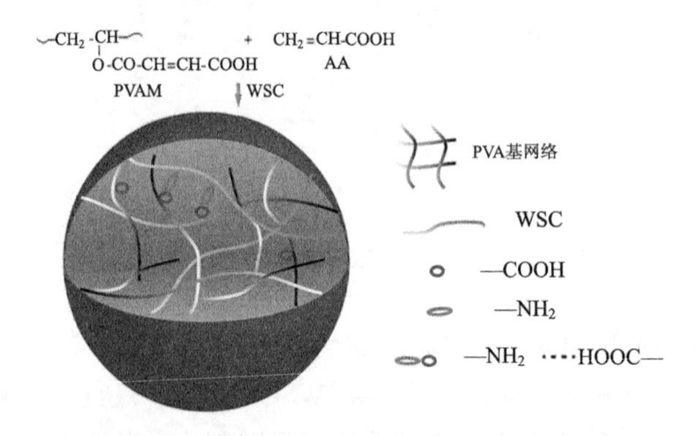

图 6.20　WSC/PVAM-AA 互穿网络的形成

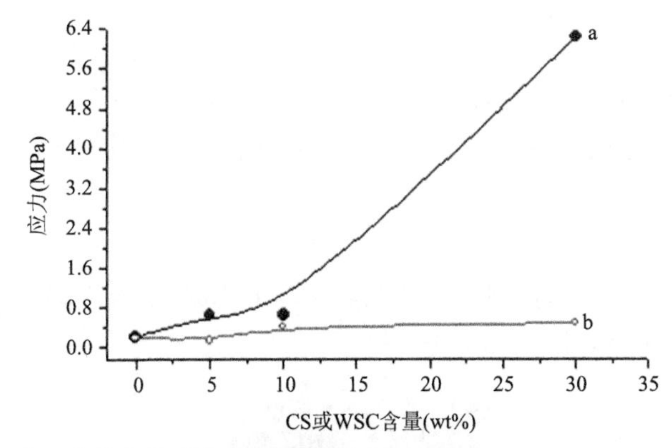

图 6.21　互穿网络的拉伸强度-组成关系（a：WSC/PVAM-AA，b：CS/PVAM-AA）

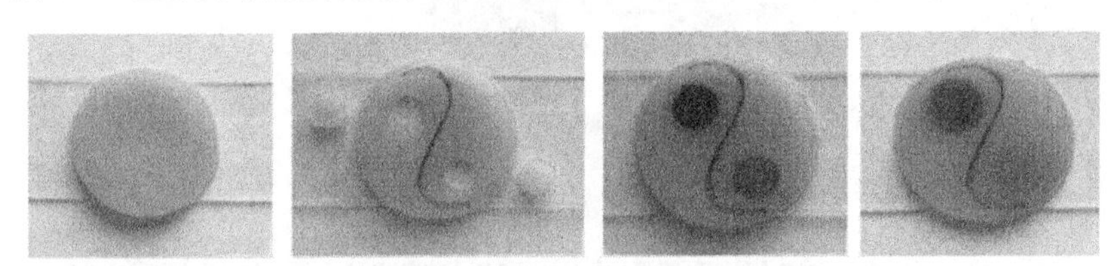

图 6.22　WSC/PVAM-AA 互穿网络的自愈行为

6.3　壳聚糖-接-PVA 水凝胶

(1) 设计

要解决的问题：能否利用壳聚糖分子链上的官能团，引入能发生物理交联的 PVA，由温和的过程形成相应的水凝胶。

思路：如前所述，壳聚糖分子链上的氨基和羟基具有一定的反应活性，可以通过化学方式实现功能化。化学方式可以引入不同的功能基团、片段或聚合物，使壳聚糖基材料的功能更加丰富。

壳聚糖具有 pH-响应性，可通过自由基接枝聚合-醇解两步反应，将 PVA 引入壳聚糖分子链，所得接枝共聚物经反复冻-融，形成具有 pH-响应性的水凝胶[64]。

(2) 制备

称取 4 g 壳聚糖（CS），溶于 40 mL 的 5%乙酸（HAc）溶液中，加入 60 mL DMF，搅拌溶解，通氮气 5 分钟，加入适量过硫酸钾，70℃下搅拌 20 min，缓慢滴加 4～10 mL 乙酸乙烯酯（VAc），65℃下反应 2 h，用 NaOH 调 pH 至碱性，使沉淀完全，水洗沉淀至中性，抽滤，干燥，用苯抽提 24 h，除去均聚物 PVAc，干燥，得到接枝共聚物 CS-*g*-PVAc。取 4 g CS-*g*-PVAc，研成粉状，加入 40 mL 3%的甲醇/NaOH 溶液，搅拌下醇解 2 h，抽滤，用去离子水洗涤产物至中性，抽滤，干燥，得到黄褐色产物 CS-*g*-PVA。

称取 1 g CS-*g*-PVA 溶于 10 mL 5% HAc，倒入模具，–12℃冷冻 22 h，室温解冻 2 h，如此循环 3 次，所得凝胶用去离子水浸泡 12 h，其间多次换水直至中性，得到 CS-*g*-PVA 水凝胶。

(3) 性能

CS-*g*-PVA 可以通过冻–融法形成物理交联的水凝胶(图 6.23 右)，而 CS 经冷冻–解冻后，仍为溶液(图 6.23 左)。

图 6.23　壳聚糖溶液(左)和壳聚糖–接–聚乙烯醇溶液(右)冻–融前后对比

通过改变单体 VAc 的用量，得到接枝率在 17.2%～37.6%的 CS-*g*-PVAc，因醇解只是侧基的转变，CS-*g*-PVA 中 PVA 的含量也以此表示。取接枝率为 25.2%和 34.8%的 CS-*g*-PVA 经反复冻融得水凝胶，分别记作 CVH-25 和 CVH-35。共聚物中的 PVA 组分，既起到形成凝胶的作用，又提供了亲水性，故 PVA 含量高的凝胶吸水和保水能力较高，CVH-35 的溶胀比也就高于 CVH-25 的溶胀比。水凝胶的 CS 组分具有酸敏特性，故 CS-*g*-PVA 水凝胶在缓冲溶液中表现出 pH-响应性溶胀(图 6.24)。

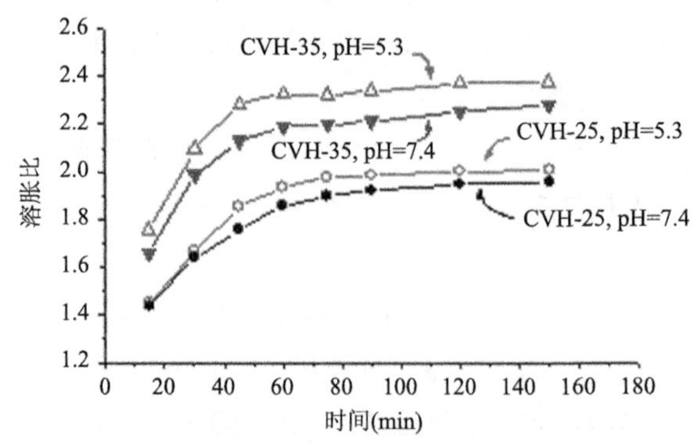

图 6.24　壳聚糖–接–聚乙烯醇水凝胶的酸敏溶胀行为

这里由简单的化学法和物理法相结合，将壳聚糖转化为具有一定功能的新聚合物。

第 7 章　海藻酸钠基可再生高分子的构建

7.1　海藻酸钠的结构和性能特点

海藻酸钠主要来源于海藻类生物，也存在于一些细菌中，广泛地应用于生物医学、制药和食品等领域。海藻酸钠是由 1,4-环 β-*D*-甘露糖醛酸(M)和 α-*L*-古罗糖醛酸(G)这两个结构单元组成的线性共聚物(图 7.1)，M 和 G 的连接方式(MM、GG 或者 MG)以及 M 和 G 的比例与海藻酸钠的来源有关，对海藻酸钠的某些性能有所影响。

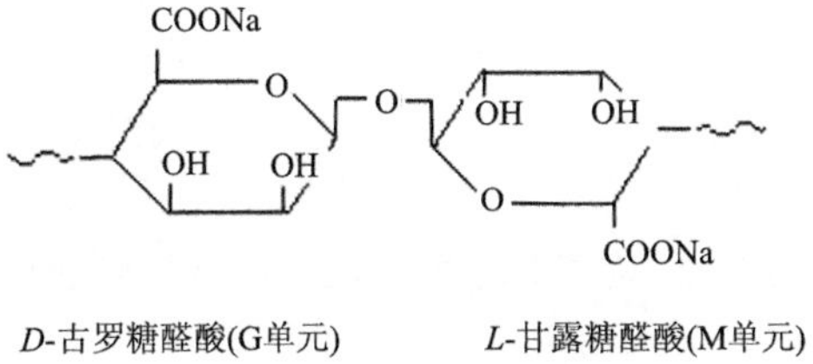

D-古罗糖醛酸(G单元)　　　*L*-甘露糖醛酸(M单元)

图 7.1　海藻酸钠的结构式

海藻酸钠分子链上含有大量的羧基和羟基，亲水性优良，能够溶解在中性或碱性水溶液中。由于含有羧基，海藻酸钠与聚阳离子或多价金属离子可以通过静电作用形成复合物或螯合物。这种结合是弱作用的结果，易于为外界因素(如离子强度和反离子等)所破坏。由于含有羧基，海藻酸钠在低 pH 介质中，转化为不溶于水的海藻酸，成为物理凝胶；也可与多价金属离子在温和条件下发生物理交联，还可与壳聚糖或聚赖氨酸等聚阳离子发生复合，形成水凝胶(图 7.2)。例如，钙离子和含高 G-结构单元的海藻酸钠在 1 min 内形成凝胶，小变形下表现出弹性[65]，铜离子或亚铁离子和 M-或 G-结构单元也可发生螯合而凝胶化[66]。由于含有羟基，海藻酸钠还具有醇的反应活性。

海藻酸钠是常见的天然多糖高分子之一，根据前述目的与原则，也是一种研发可再生高分子的理想原料。

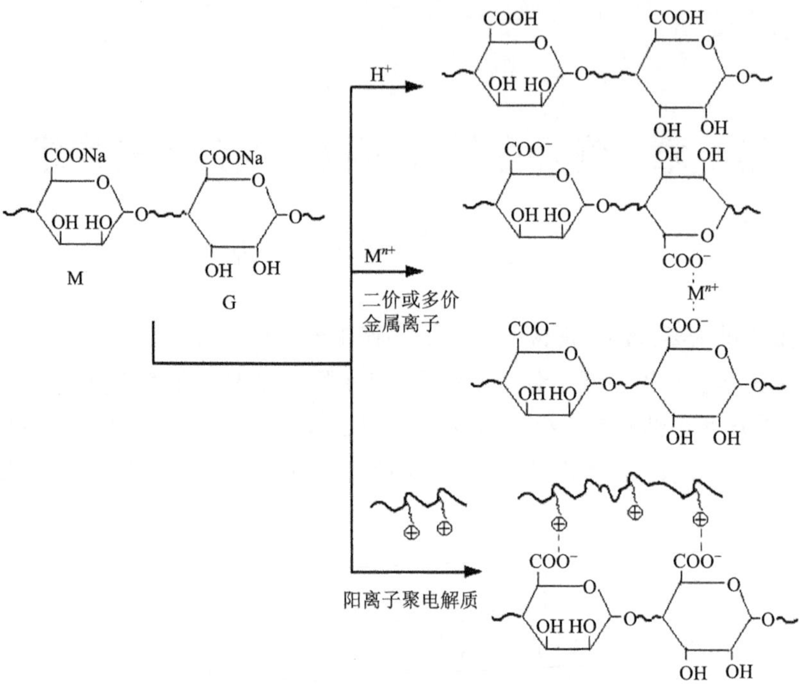

图 7.2　海藻酸钠通过物理过程形成水凝胶

7.2　海藻酸钠作为聚阴离子

海藻酸钠分子链的骨架上含有羧基，是一种阴离子型聚电解质，易于与钙离子等二价或多价金属离子形成物理交联的水凝胶。

(1) 设计

要解决的问题：如何既保持海藻酸钠的聚阴离子特性，又提高 SA 所形成物理凝胶的稳定性。

思路：物理交联得到的水凝胶，其强度明显不如化学交联得到的。而且，改变反离子的种类或浓度，会破坏静电作用或离子交联，导致凝胶分解。对此，作者和合作者采取的一种措施是：在自由基引发下，海藻酸钙凝胶与乙酸乙烯酯或丙烯腈进行接枝共聚。引入新的分子链之后，凝胶较为致密，在含硫酸根的溶液中仍然保持凝胶结构[67, 68]。

(2) Ca-SA 水凝胶的自由基接枝改性

这里给出一种温和的改性方法。取 5 g 平均直径为 2.5 mm 的海藻酸钙水凝胶小球(CAGB)，在室温(20℃)下，用 8.5×10^{-2} mol/L $K_2S_2O_8$ 及 7.0×10^{-2} mol/L

$NaHSO_3$ 引发 10 min，加入 6.22 mol/L 的丙烯腈(AN)，反应 30 min，接枝率可达 1520%。若用活性较低的乙酸乙烯酯单体进行接枝共聚改性，所得的接枝率则为 663%。改性使海藻酸钙凝胶小球变得致密(图 7.3)，可耐多价阴离子(如硫酸根或磷酸根)。

图 7.3　海藻酸钙凝胶小球化学改性前(左)后(右)的外观(左一、三：含水)

(3) 改性 Ca-SA 水凝胶的应用

包载液体化合物的海藻酸钙凝胶小球用上述过程改性之后，没有互相黏连成一片或一大团，仍呈球状，其横截面中空且存在许多孔隙(图 7.4)。中空部分是包载的化合物挥发之后留下来的，外表较为致密，说明改性基本上发生在表层。这对于保护内部的物质，或者将可能造成负面作用的物质隔开，以保护可能接触到的人，既简便又有效[69]。

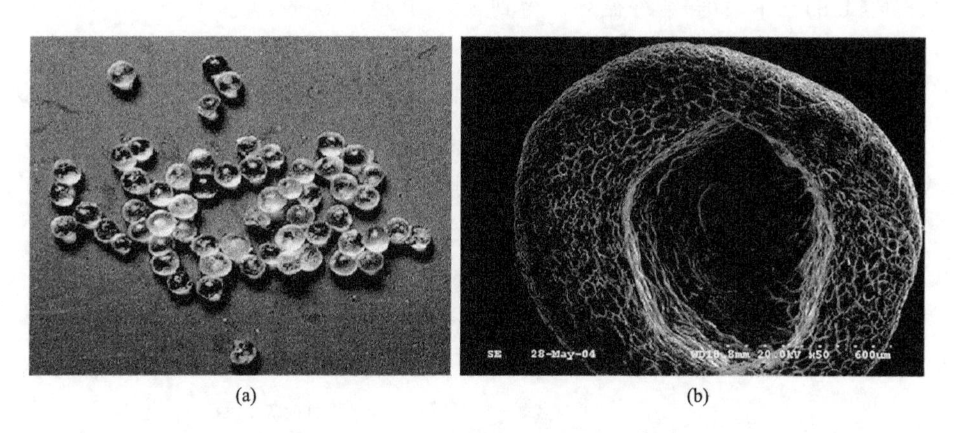

(a)　　(b)

图 7.4　载药海藻酸钙凝胶小球改性后的外观照片(a)和剖面(扫描电镜图)(b)

7.3 海藻酸钠基酸敏水凝胶

7.3.1 SA-*g*-PVA 水凝胶

(1) 设计

要解决的问题：如何在海藻酸钠分子链上，引入能形成物理凝胶的组分，保持其聚阴离子的酸敏和电场响应等特性。

思路：通过自由基聚合，还可以将一定功能或特性的基团、片段或聚合物引入海藻酸钠分子链中。由自由基接枝共聚及随后的醇解反应，经三次冻融，得到海藻酸钠-接-聚乙烯醇水凝胶，该凝胶不仅具有较高的强度，还具有多重刺激响应性[70]。

(2) SA-*g*-PVA 水凝胶的制备

称取 1.00 g 海藻酸钠，溶于 20 mL 去离子水，搅拌下缓慢滴加 7mL 无水乙醇混匀，通氮气 10 min，加入 0.2 g 过硫酸钾，55℃下保持 15 min，以 1 滴/3 秒的速度滴加 4～10 mL 的乙酸乙烯酯(VAc)，反应 6 h，反应溶液倒入冰水中，水洗白色固体，干燥，用 100 mL 无水乙醇抽提 48 h，得到纯的 SA-*g*-PVAc。

按 1∶10 的质量比混合 SA-*g*-PVAc 与 3% NaOH/甲醇溶液，55℃下搅拌醇解 3 h，抽滤，并用少量的甲醇洗涤，干燥，得到 SA-*g*-PVA。

取 1.00 g SA-*g*-PVA 样品溶解于 10 mL 去离子水中，经历−16℃冷冻 16 h、常温解冻 4 h 的三个冷冻-解冻循环，得到 SA-*g*-PVA 水凝胶。

(3) SA-*g*-PVA 水凝胶的性能

如同前述，共聚物中的 PVA 起到形成物理凝胶的作用，海藻酸钠骨架上的羧基则赋予水凝胶聚电解质的特性，当环境的 pH、离子强度或外加电场变化时，SA-*g*-PVA 水凝胶表现出可逆的三重刺激响应性溶胀-收缩行为(图 7.5)。

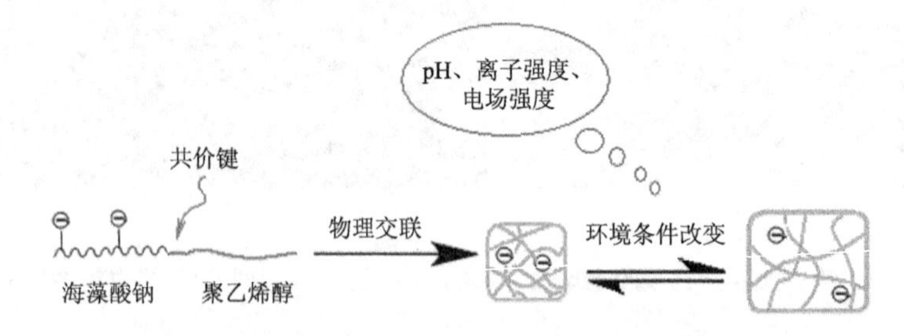

图 7.5 多重响应性海藻酸钠-接-聚乙烯醇物理水凝胶

7.3.2　SA-*g*-可控 PVA 水凝胶

如同前述，PVA 的链长大小决定了 PVA 基物理凝胶的交联度和溶胀性能。因此，改变 PVA 链长，也可以调控 SA-*g*-PVA 水凝胶的溶胀行为及其他性能。

(1) SA-*g*-可控 PVA 水凝胶的制备

称取 1.0 g 海藻酸钠，溶于 20 mL 去离子水，在冰水浴冷却下，加入 10 mL 甲基丙烯酸酐，控制反应温度在 0～5℃、反应液的 pH 大于 9，反应 24 h，反应液转入截留分子量为 8000 的透析袋中，在去离子水中透析 48 h，冷冻干燥，得到含端位双键的海藻酸钠。

取 0.8 g 由数均分子量为 1.82×10^4、3.25×10^4 或 4.93×10^4 的聚乙酸乙烯酯醇解得到的可控 PVA，溶于 10mL 去离子水；取 0.2 g 含端位双键的改性海藻酸钠，溶于 10 mL 去离子水，混匀两种溶液，加入 0.15 mL 三乙胺和 0.075 mL 正丁胺，通入氮气 20 min，反应 24 h，反应液转入截留分子量为 8000 的透析袋，在去离子水中透析 48 h，冷冻干燥，得到海藻酸钠-接-可控聚乙烯醇，分别记作 SA-*g*-PVA-18、SA-*g*-PVA-33 和 SA-*g*-PVA-49。

将海藻酸钠-接-可控聚乙烯醇配成 0.1 g/mL 的水溶液，经–16℃冷冻 16 h、常温解冻 4 h 三个循环，得到 SA-*g*-可控 PVA 水凝胶。

(2) SA-*g*-可控 PVA 水凝胶的性能

这里，采用 RAFT 聚合、点击反应以及冻-融法，通过化学反应和物理过程的结合，获得侧链链长可控的 SA-*g*-PVA 水凝胶。

PVA 的分子量越大，凝胶的交联度越大，其热稳定性越高，热分解之后的剩余量也就越高。热失重分析结果表明，SA-*g*-PVA-18、SA-*g*-PVA-33 和 SA-*g*-PVA-49 所得凝胶的剩余百分数依次增大(图 7.6)，即 SA-*g*-可控 PVA 水凝胶的热稳定性依赖于 PVA 的链长。

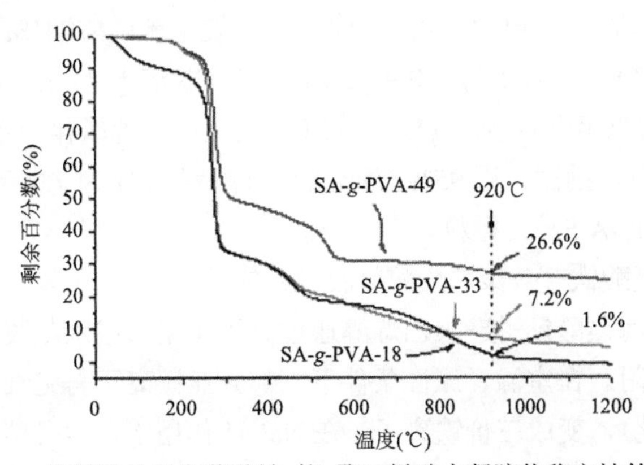

图 7.6　侧链链长对海藻酸钠-接-聚乙烯醇水凝胶热稳定性的影响

PVA 侧链越长，亲水基团—OH 越多，凝胶的交联度也越大，因此，含有羧基的 SA-*g*-可控 PVA 水凝胶，其 pH-响应性溶胀也就较为明显(图 7.7)。

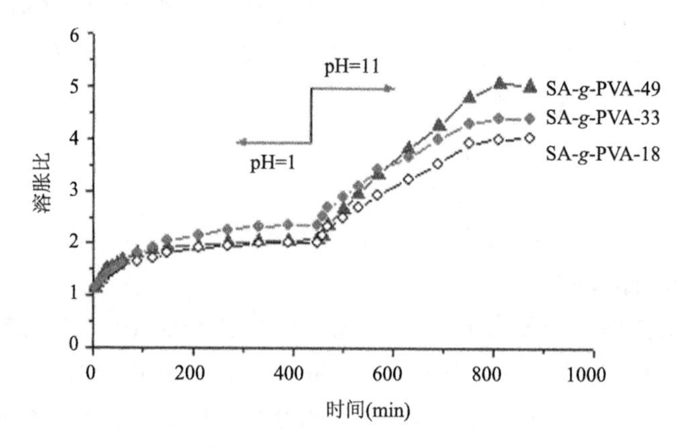

图 7.7　不同侧链链长海藻酸钠-接-聚乙烯醇水凝胶的溶胀行为

7.3.3　磁性 SA-*g*-PVA 水凝胶

(1) 设计

要解决的问题：能否赋予海藻酸钠-接-聚乙烯醇水凝胶其他响应性。

思路：海藻酸钠-接-聚乙烯醇水凝胶分子链上的羧基，也可以和亚铁离子螯合，由乳液法形成凝胶微粒。有意思的是，微粒中部分亚铁离子经自氧化，可转化为磁性四氧化三铁，得到具有磁性的复合凝胶微粒。整个过程操作简单、条件温和，半小时之内即可完成[71]。

(2) 磁性海藻酸铁-接-聚乙烯醇凝胶微粒的制备

由自由基聚合-醇解制备接枝率为30%～65%的SA-*g*-PVA，取0.1 g SA-*g*-PVA 溶于 5 mL H_2O，加入 4 mL 石油醚、0.4 g 十二烷基苯磺酸钠(SDBS)，搅拌分散均匀。搅拌下，缓慢滴加 0.7 g、0.9 g 或 1.1 g $FeCl_2$ 溶于 8 mL H_2O 所得的溶液，滴加 NaOH 溶液直至混合液的 pH 为 13.0，空气中静置氧化一定时间(10 min、20 min 或 40 min)，抽滤，用 95%乙醇洗涤至滤液的 pH 为 7.0，晾干，得到棕色粉末状 Fe-SA-*g*-PVA/Fe_3O_4 微粒。

(3) 磁性海藻酸铁-接-聚乙烯醇凝胶微粒的性能

亚铁离子与海藻酸钠-接-聚乙烯醇通过离子作用形成水凝胶的同时，也发生了一定的物理吸附。在室温、碱性条件下，部分亚铁离子与空气中的氧气发生氧化反应(即自氧化)，变成三价铁离子，在 NaOH 作用下，两者结合得到四氧化三铁：$Fe^{2+} + 2Fe^{3+} + 8OH^{-} \longrightarrow Fe_3O_4\downarrow + 4H_2O$。

改变 $FeCl_2$ 的投入量，可生成不同 Fe_3O_4 含量的凝胶微粒。接枝共聚物中聚乙烯醇的含量不一样，所得凝胶微粒中 Fe_3O_4 的含量也有所不同(图 7.8)。接枝率为 0%、30%和 65%的凝胶微粒在 700℃的剩余百分数分别为 43.2%、58.8%和 60.4%，而纯 Fe_3O_4 的剩余百分数为 75.8%。

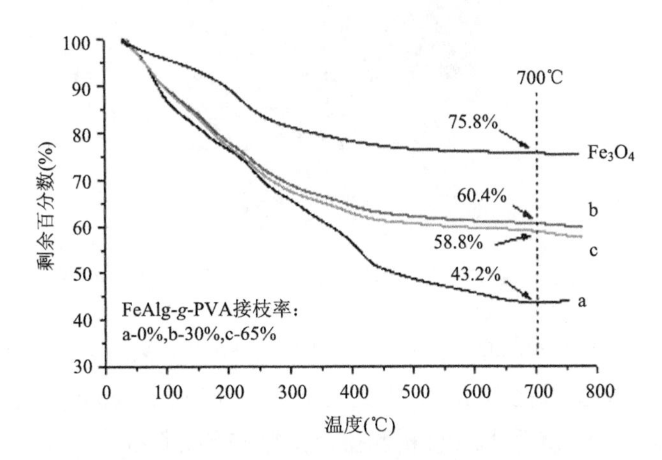

图 7.8　磁性海藻酸铁-接-聚乙烯醇凝胶微粒的热失重曲线

Fe_3O_4 主要有 6 个对应于(220)、(311)、(400)、(422)、(511)、(440)面的特征衍射峰[72]，而接枝率为 0%、30%和 65%的 SA-*g*-PVA 所得凝胶微粒的谱图中出现了 30.5°、35.5°、41.1°、53.9°、57.3°以及 63.2°等 6 个主要衍射峰(图 7.9)，和 Fe_3O_4 的特征衍射峰一致，说明凝胶微粒中含有 Fe_3O_4[73]。

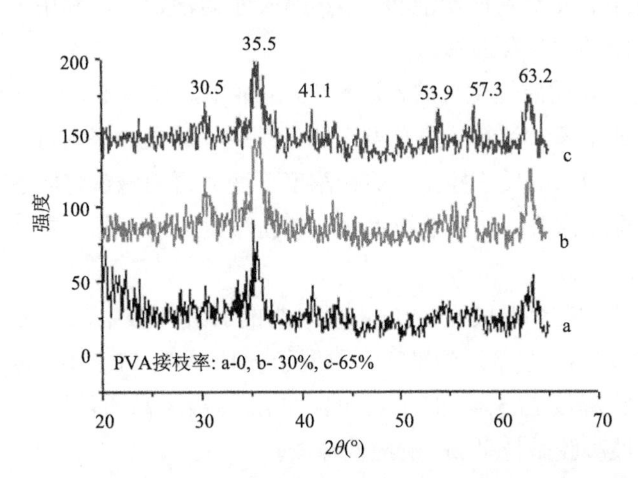

图 7.9　磁性海藻酸铁-接-聚乙烯醇复合凝胶微粒的 XRD 谱图

含有 Fe_3O_4 的凝胶微粒具有磁性，能随着磁铁的移动而在玻璃毛细管中上下移动(图 7.10)。

图 7.10　磁性海藻酸铁-接-聚乙烯醇复合凝胶微粒对外加磁场的响应

由 0.1 g 接枝率为 65%的 SA-*g*-PVA 和 1.1 g $FeCl_2$，采用乳液法形成的凝胶微粒在碱性介质中原位氧化 20 min，得到磁饱和强度为 2.39 emu/g 且具有良好超顺磁性的磁性微粒。SEM 和粒径分析测得，微粒的平均粒径小于 1 μm，粒径分布范围在 0.2～2.0 μm。

(4) 磁性海藻酸铁-接-聚乙烯醇复合凝胶微粒的应用

这种制备磁性微粒的方法简便易行、条件温和，后处理操作简单，适合某些应用领域。例如，将磁性微粒用于酶的固定化，只要外加磁场即可方便地实现分离。

将 1.0 mg/mL α-淀粉酶溶液和 SA-*g*-PVA 水溶液混合，利用上述过程，可得到载有 α-淀粉酶的磁性凝胶微粒。

载有 α-淀粉酶的磁性微粒放入淀粉/KI 溶液中，释放出来的 α-淀粉酶催化溶液中的淀粉迅速水解，淀粉浓度急剧下降。用磁铁将磁性微粒移离溶液，α-淀粉酶没有释放，淀粉水解反应停止，淀粉浓度不变。再用磁铁将磁性微粒移回溶液中，α-淀粉酶再度释放，淀粉继续水解，淀粉浓度再次下降，整个过程表现出磁响应性行为(图 7.11)。

载 α-淀粉酶的磁性凝胶微粒在 pH 为 1.0 的 HCl 溶液中，120 min 内累积释放率为 49.7%～66.5%，基本达到平衡。再置于 pH 7.4 的 PBS 中，α-淀粉酶再次释放，在 240 min 内释放 79.5%～95.1%。而且，PVA 接枝率高的释放率也高(图 7.12)。显然，载酶磁性凝胶微粒呈 pH-响应性释放。

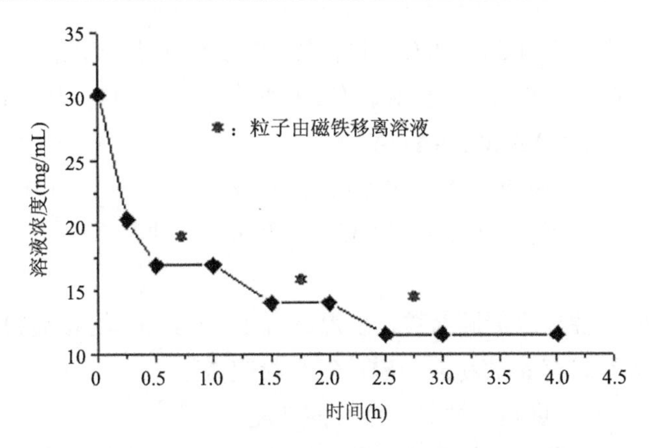

图 7.11 载酶磁性凝胶微粒催化淀粉水解(SA-*g*-PVA 的接枝率为 65%，37℃)

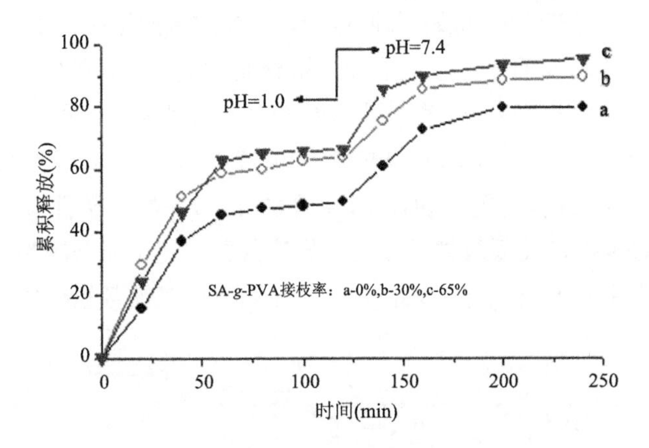

图 7.12 载酶磁性凝胶微粒的释放曲线(37℃)

7.3.4 多重响应性 SA-*g*-PVA 水凝胶

(1) 设计

要解决的问题：能否再引入其他组分，赋予海藻酸钠-接-聚乙烯醇水凝胶更多的特性。

思路：若将海藻酸钠-接-聚乙烯醇、聚乙烯醇和甲基纤维素的水溶液，先由乳液分散-热定型制得物理交联的复合凝胶微粒，再吸附一定量的亚铁离子并进行原位自氧化，便得到具有酸敏、温敏和磁敏三重敏感性的复合凝胶微粒[74]。

(2) 海藻酸钠基多重响应性凝胶微粒的制备

取 0.6 g PVA 溶于 10 mL 水、0.4 g MC 溶于 6 mL 水、0.2 g 接枝率 30%的 SA-*g*-PVA 溶于 5 mL 水，混合均匀，加入 2.0 g 十二烷基苯磺酸钠和 50 mL 环己

烷的混合液中，搅拌 30 min，60℃下再搅拌 30 min，将反应液倒入烧杯中，用保鲜膜密封，经–16℃冷冻 24 h、室温解冻 2 h 两个循环，抽滤，用乙醇洗涤三次，干燥，得到凝胶微粒 PVA/MC/SA-*g*-PVA。

取 0.2 g 复合凝胶微粒，浸入 20% $FeCl_2$ 溶液中 1 h，抽滤，将微粒置入 NaOH 溶液中，空气中分别氧化 10 min、20 min 或 40 min，抽滤，干燥，得到磁性复合凝胶微粒。

取一定量的磁性复合凝胶微粒，室温下置于 2 mg/mL 的 α-淀粉酶溶液 48 h，抽滤，干燥，得到载有 α-淀粉酶的磁性复合凝胶微粒。

(3) 海藻酸钠基多重响应性凝胶微粒的性能

载酶磁性复合凝胶微粒的释放，表现出温度、pH 和磁场三重响应性：外加磁铁移开微粒时，不再有酶的释放；移回微粒，与缓冲溶液接触，又有所释放。58℃高于复合凝胶的热转变温度，微粒中 MC 组分发生凝胶化，抑制了酶的释放，酶释放速率减缓；再置于 37℃下，微粒中 MC 凝胶转化为溶液，利于酶的扩散释放，酶释放速率又重新加快。在 pH 为 7.4 的 PBS 溶液中，载酶复合凝胶微粒在 100 min 内持续释放并趋于平衡，再置于 pH 为 1.0 的 HCl 中，在酸性条件下羧酸根—COO^- 转化为羧基—COOH，使凝胶粒子收缩，导致其释放速率显著减小(图 7.13)。显然，磁性复合凝胶微粒体现了海藻酸、MC 和四氧化三铁各组分的特性。

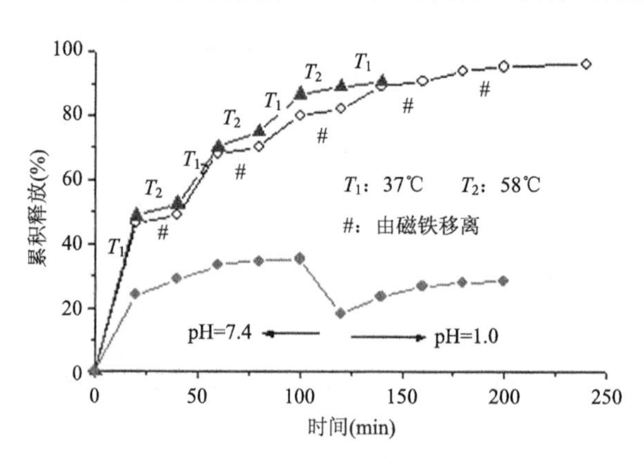

图 7.13　载酶磁性凝胶微粒的三重响应性释放行为

综上，在凝胶形成前、后，对海藻酸钠进行适当改性，再形成凝胶；或者在与金属离子形成海藻酸基凝胶之后，再加以功能化；两种方式均可以对海藻酸钠基材料的结构和性能做预定的调制，得到多种功能化的海藻酸钠基材料。

第 8 章　乳酸基可再生高分子的构建

8.1　乳酸及乳酸基高分子的特点

富含淀粉的小麦、玉米和水稻等植物在适当条件下发酵，得到一种特殊的淀粉衍生物：*L*-乳酸(图 8.1)[75]。乳酸分子中含有羟基和羧基两个官能团，在适当条件下通过缩聚反应或经开环聚合，发生均聚或者与其他单体进行共聚反应，得到乳酸基高分子材料。乳酸基聚合物的分子链中存在水敏弱键酯基，具有生物降解性，且具有丰富的结构多样性和功能性，是很有潜力的环境友好材料和生物医用材料。因此，乳酸基高分子的研制一直得到高度的重视。

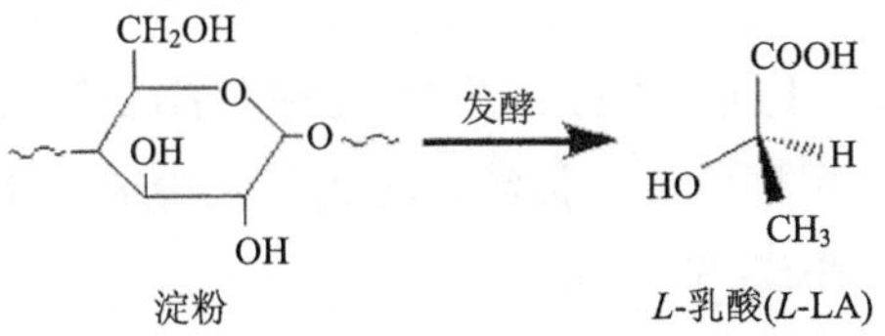

图 8.1　淀粉转化为功能性单体 *L*-乳酸

8.2　单序列乳酸酯基聚合物

按常见方法制备的乳酸基高分子，均含有较长的—$COCH(CH_3)O$—序列，疏水性较高，降解速率较低。对此，一个应该有效的策略就是：尽可能地减小聚合物中—$COCH(CH_3)O$—序列的长度。

乙二醇和乳酸通过酯化反应生成乳酸乙二醇单酯(ELG)，产物 HO—CH_2CH_2O—$COCH(CH_3)$—OH 是一种含有—$COCH(CH_3)O$—单元的二醇。ELG 与丁二酸酐或马来酸酐进一步反应，生成饱和二酸 ELDA 或不饱和 UDO 二酸，可进一步转化为相应的单序列乳酸酯基聚合物。

8.2.1　单序列乳酸基饱和聚合物

ELDA 实际上是含有—OCH_2CH_2O—、—$COCH(CH_3)O$—和—$OCOCH_2CH_2CO$—三种结构单元的低聚物。在抽真空、加热下进行酯交换反应一定时间，ELDA 转变为乳酸基共聚酯(PELS)，以聚苯乙烯为标样、由 GPC 法测得其数均分子量可达 3.25×10^4 [76]。ELDA 端基均为羧基，它与甲苯-2，4-二异氰酸酯(TDI)发生加聚反应，通过反应物投料比的控制，分别得到线型或体型乳酸基聚酯酰胺(LLPEA 或 CLPEA) [77, 78]。副产物二氧化碳的逸出，使所得体型乳酸基聚酯酰胺成为多孔的材料。

1. 单序列乳酸基共聚酯

(1)单序列乳酸基共聚酯 PELS 的合成

取 80 mL 乳酸、75mL 乙二醇、1 g 阳离子交换树脂和 60 mL 苯混合，95～100℃下回流 12 h，不断除去水，减压蒸馏除去苯和过量的乙二醇，收集 16～18 mmHg 下 118～122℃的透明液体，即得产物 ELG。

取 16.4 g(0.13 mol) ELG 和 13.0 g(0.13 mol)丁二酸酐(SA)，140～150℃下回流 3 h；在相同的温度、18～20 mmHg 下反应 10 h，冷却至室温，加入适量氯仿溶解，再加入一定量甲醇沉淀，抽滤，得到白色粉末低聚物。取 10 g 低聚物，在 3～5 mmHg 下 195℃、215℃、225℃或 245℃进行酯交换反应 10 h、20 h、30 h 或 40 h，用氯仿溶解、甲醇沉淀，抽滤，得到白色粉末 PELS。

(2)乳酸基共聚酯 PELS 的性能

ELG 的端基均为羟基，与丁二酸酐发生如图 8.2 所示的缩合反应：

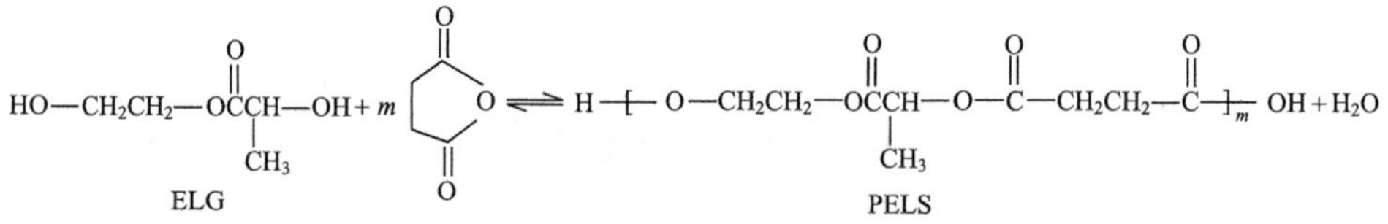

$$\underset{\text{ELG}}{HO-CH_2CH_2-OC(=O)CH(CH_3)-OH} + m\ \text{(丁二酸酐)} \rightleftharpoons \underset{\text{PELS}}{H\!\left[O-CH_2CH_2-OC(=O)CH(CH_3)-O-C(=O)-CH_2CH_2-C(=O)\right]_m OH} + H_2O$$

图 8.2 乳酸基共聚酯 PELS 的制备

该反应为平衡反应，为得到分子量较高的聚合物，采用等物质的量投料、减压、较高反应温度以及较长反应时间的条件，并进行再次酯交换反应，所得 PELS 的数均分子量在 2.6×10^4～3.3×10^4，多分散系数在 1.53～1.70 的范围内。当 ELG 与过量丁二酸酐(物质的量比 ELG∶SA=1∶2)反应时，则得到低分子量的二酸低聚物 ELDA。

不同分子量 PELS 在 105℃、14 atm 下成型，所得薄片的水、CH_2I_2 接触角分别在 97°～98.5°和 61.2°～65°，说明 PELS 的亲油性大于亲水性。由于亲水性有限，PELS 在 37℃的缓冲溶液(0.1 mol/L，pH 7.4)、好氧性淤泥和厌氧性淤泥中降解时，失重百分数在 1.76%～4.10%。

2. 单序列乳酸基聚酯酰胺 LPEA

(1) 合成

一定量的 ELDA 加热至 140℃，在快速搅拌下，加入等物质的量或过量的 TDI（投料物质的量比 TDI∶ELDA =2∶1），反应一定时间，DMF 溶解、甲醇沉淀，过滤，得线型产物；或者预聚反应 0.5 h，趁热倒入模具，于 140℃下继续反应 2 h，制得交联产物。

(2) 性能

适当地增大 TDI 用量，有利于提高 LPEA 的分子量。同时，由于 TDI 和 ELDA 反应后，形成含有活泼氢的—NH—键，过量的—NCO 基团会与—NH—反应形成支化物或交联产物。

以氯仿为溶剂，由溶剂成膜法制得线型 LLPEA 薄膜样条，测得其弹性模量、断裂强度和重均分子量(M_w)的关系如图 8.3 所示。随着 LLPEA 分子量的增大，断裂强度增大而弹性模量下降，即分子量较大的 LLPEA 强度较大、韧性较好。

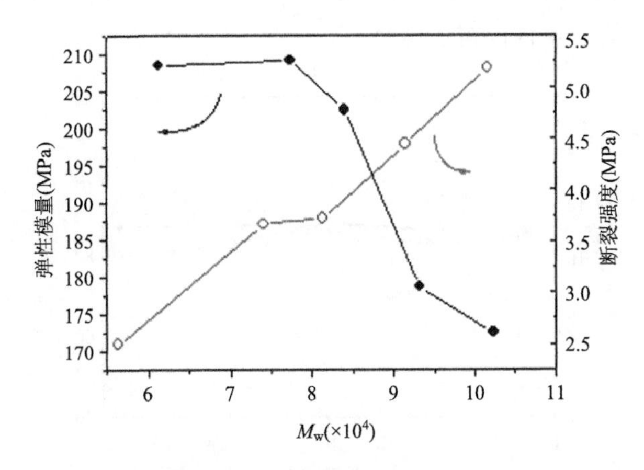

图 8.3　线型乳酸基聚酯酰胺的弹性模量和断裂强度与其分子量的关系

重均分子量为 1.00×10^5（多分散系数 d=2.16）的 LLPEA 在缓冲溶液中降解 193 天、好氧淤泥中降解 157 天以及厌氧淤泥中降解 157 天，其失重百分数分别为 7.53%、2.58%和 1.57%，而分子量为 6.97×10^4（多分散系数 d=2.03）的 LLPEA 则分别失重 10.0%、3.85%以及 2.32%。

在含乳酸酯基端—NCO 预聚体的交联反应过程中，伴生 CO_2 气体，起到即时致孔的作用，所得交联产物 CLPEA 的内部存在大小不等的孔洞（图 8.4）。而且，改变 TDI 的用量，可以改变 CO_2 的产生速率和量，从而得到尺寸不同的孔隙。

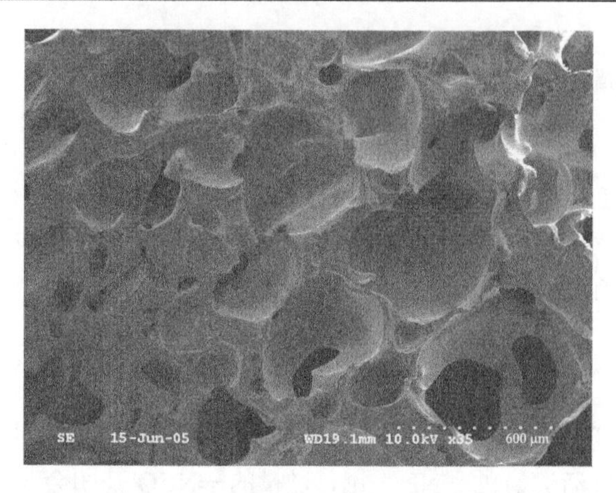

图 8.4　CLPEA 截面的扫描电镜图

由数均分子量为 4056 g/mol(4.0×10^3)的 ELDA 制备的 CLPEA，其初始拉伸强度和弹性模量分别为 11.2 MPa 和 85.3 MPa，而且在空气中放置一个月，其力学性质变化很小(图 8.5)。这说明交联产物基本上不再与空气中的水分反应，交联度基本不变，样品的力学性能得以保持。

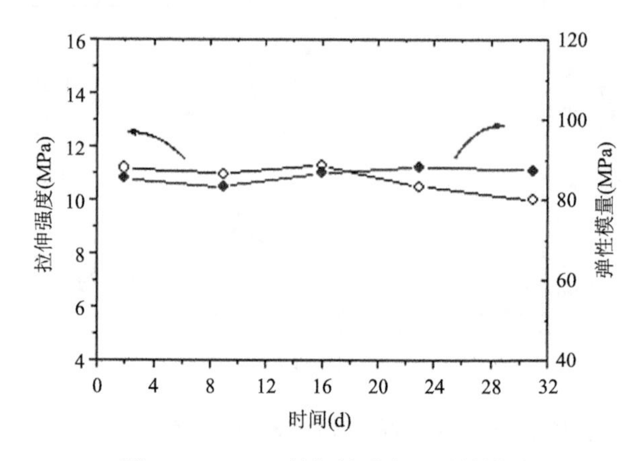

图 8.5　CLPEA 的拉伸强度和弹性模量

由数均分子量为 1799 g/mol(1.8×10^3)的 ELDA 制备的 CLPEA，在缓冲溶液 PBS 中降解 162 天后，失重了 5.97%～18.06%。随着凝胶分数的增加，交联度增大，CLPEA 降解变难，失重百分数变小(图 8.6)。

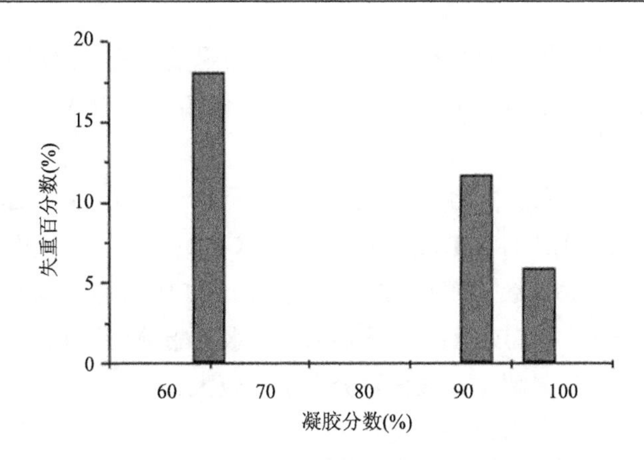

图 8.6　不同凝胶分数的 CLPEA 的降解行为(0.1 mol/L pH 7.4 PBS，37℃)

3. 单序列乳酸基聚氨酯

1) 单序列乳酸基聚氨酯 LPEU

以数均分子量为 1000 和 4000 的聚乙二醇(PEG-1K、PEG-4K)替代乙二醇，与乳酸进行酯化反应，制得含短序列乃至单序列—COCH(CH_3)O—、端基均为羟基的乳酸基二醇中间体 LPEG。LPEG 与异氰酸酯按适当比例进行加成、扩链反应，得到含短 PEG 序列和短乳酸酯序列甚至单乳酸酯基序列的乳酸基聚氨酯 LPEU [79]。

(1) 合成

称取 35 g PEG-1K 或 45 g PEG-4K，80℃加热熔融，加入 40 mL 85%乳酸溶液，搅拌混匀，80℃、18～20 mmHg 下反应 8 h，冷却，反应混合物转入截留分子量为 500 g/mol 的透析袋中，蒸馏水中透析 48 h，每 12 h 换一次水，冷冻干燥剩余物，得到乳酸聚乙二醇酯二醇(LPEG)。

取 7 g LPEG-1K 或 LPEG-4K 溶于 7 mL *N,N*-二甲基甲酰胺中，在氮气氛围下滴加适量 TDI，95℃反应 5 h，加入适量 1,4-丁二醇(BDO)[LPEG、TDI 和 BDO 的投料比取 1∶4.5∶3.5 或 1∶2.5∶1.5(mol/mol)]和 1%的二月桂酸二丁基锡，继续反应 4 h，冷却，用 30 mL 无水乙醚沉淀，40℃真空干燥 24 h，得到乳酸基聚氨酯(LPEU)。

(2) 性能

LPEG-1K 或 LPEG-4K 所得 LPEU-1K 或 LPEU-4K 的数均分子量在 8.0×10^3～1.8×10^4，并随着 TDI 用量的增加而增大。

LPEG-4K、LPEU-4K-TDI2.5 和 LPEU-4K-TDI4.5 的接触角分别为 20.5°、29.5°

和 47°，LPEU 的接触角大于 LPEG，且与 TDI 的用量有关。由于苯环的疏水性，TDI∶LPEG=4.5 得到的 LPEU-4K-TDI4.5 的接触角高于 TDI∶LPEG=2.5 所得 LPEU-4K-TDI2.5。

LPEU 在 37℃下缓冲溶液中降解 12 天的失重曲线如图 8.7 所示。LPEU-1K-TDI2.5、LPEU-1K-TDI4.5 和 LPEU-4K-TDI4.5 在 12 天内的失重率分别为 19.1%、11.9%和 36.7%。可见，TDI 用量高所得 LPEU 较为疏水，较难降解，失重百分率也就较低；LPEG-1K 所得 LPEU 中水敏酯键少于 LPEG-4K 所得，故 LPEU-4K-TDI4.5 较易降解，其失重百分率也就较大。

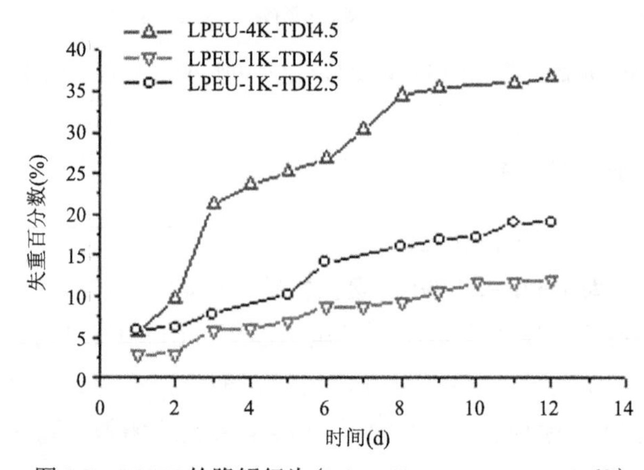

图 8.7　LPEU 的降解行为(0.1 mol/L pH 7.4 PBS，37℃)

2) 单序列乳酸基聚氨酯 LPVU

聚乙烯醇 PVA 是大分子多元醇，水溶性和力学性能良好，由 RAFT 自由基聚合和醇解反应合成出分子量可控的 PVA，可控 PVA 与乳酸进行酯化反应，得到含有短甚至单序列乳酸酯基的乳酸基聚乙烯醇 LPVA。不同于二元醇 LPEG，LPVA 是一种多元醇(图 8.8)，与异氰酸酯反应后，可制得另一类乳酸基聚氨酯。

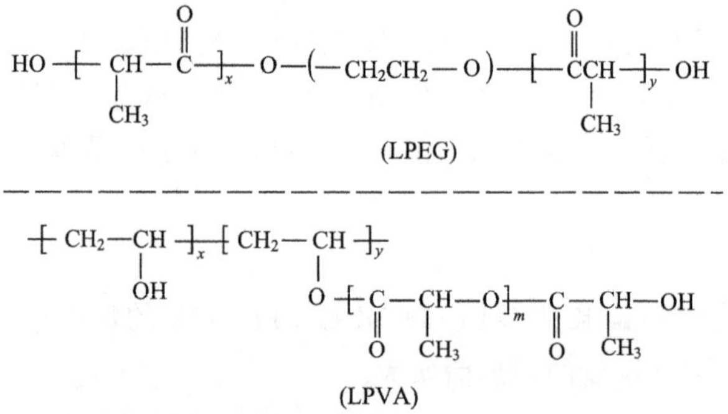

$$HO{+}\underset{CH_3}{\underset{|}{CH}}-\overset{O}{\overset{\|}{C}}{+}_x O-(-CH_2CH_2-O)-{+}\overset{O}{\overset{\|}{C}}\underset{CH_3}{\underset{|}{CH}}{+}_y OH$$

(LPEG)

$${+}CH_2-\underset{OH}{\underset{|}{CH}}{+}_x{+}CH_2-\underset{O{+}\underset{O}{\underset{\|}{C}}-\underset{CH_3}{\underset{|}{CH}}-O{+}_m\underset{O}{\underset{\|}{C}}-\underset{CH_3}{\underset{|}{CH}}-OH}{\underset{|}{CH}}{+}_y$$

(LPVA)

图 8.8　乳酸基多元醇的结构

(1) 合成

如前述条件进行 RAFT 聚合-醇解反应，得特性黏数分别为 23.46 dL/g 和 21.21 dL/g 的可控 PVA，记为 PVA-I 和 PVA-II。称取 22 g PVA-I 或 15 g PVA-II 溶于 60 mL 水中，加入 80 mL 85%乳酸溶液，搅拌均匀，在 90℃、5 mmHg 下反应 4 h，冷却，加入 180 mL 甲醇，除去未反应的 PVA，除去甲醇，用 150 mL 四氢呋喃沉淀，抽滤，40℃真空干燥 48 h，得到产物乳酸基聚乙烯醇酯(LPVA)。

取 2.5 g LPVA-I 或 LPVA-II(特性黏数分别为 31.53 dL/g 和 22.62 dL/g)溶于 12.5 mL 二甲亚砜中，在氮气保护下，滴加适量的异佛尔酮二异氰酸酯[IPDI，LPVA∶IPDI=1∶0.5、1∶1、1∶1.25 和 1∶1.5(mol/mol)]的 DMSO 溶液(浓度：23%)，70℃下反应 30 min，加入无水乙醇封端，倒入模具，除去乙醇，于 80℃真空干燥，从模具中取出产物，用大量热水洗涤，干燥，得到乳酸基聚氨酯 LPVU。

(2) 性能

IPDI 与多元醇 LPVA 反应得到的 LPVU 是交联的聚氨酯，增加 IPDI 的用量，LPVU 的氨基甲酸酯硬段含量和交联密度均增大，其储能模量 E'、玻璃化转变温度 T_g 和热分解温度 T_d 均随之提高(表 8.1)。较低分子量 LPVA 制得的 LPVU，硬段含量较低，分子间作用力减弱，储能模量、玻璃化转变温度以及热稳定性也所降低。

表 8.1　LPVU 的力学和热性能

样品*	E' (MPa)	T_g(℃)		T_d(℃)
		DMA	DSC	
LPVU-I-0.5	36.94	6.2	8.7	263
LPVU-I-1	40.07	39.6	42.7	274
LPVU-I-1.25	91.95	36.0	37.9	285
LPVU-I-1.5	113.45	43.8	47.5	294
LPVU-II-1	38.65	39.2	41.8	266

*LPVU-I 和 LPVU-II 分别由 LPVA-I 和 LPVA-II 合成，0.5、1、1.25 和 1.5 分别表示 IPDI 的投料量，DMA 和 DSC 分别表示动态力学性能分析和差热分析。

可控 PVA、LPVA 以及 LPVU 在空气中的水接触角如图 8.9 所示。引入疏水的乳酸酯基(LA)后，LPVA 的亲水性比 PVA 差，接触角有所增大。由于 LA 序列较短，亲水性仅是稍有减弱。LPVU 的接触角在 100°左右，较 LPVA 有显著增加，说明与异氰酸酯反应后，所得聚合物的亲水性明显变差。

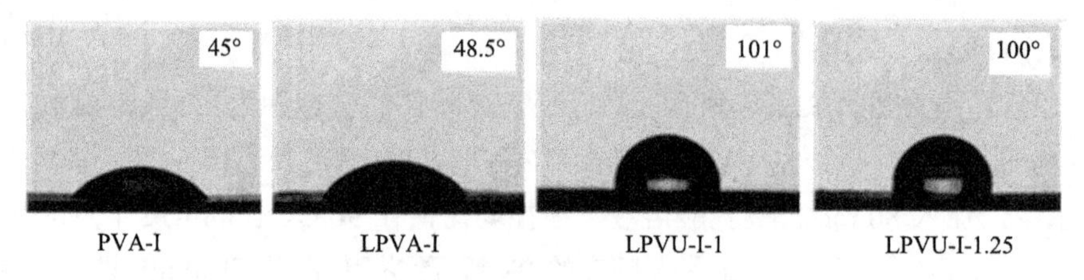

图 8.9　PVA、LPVA 和 LPVU 的接触角

LPVU 分子链中含有水敏弱键酯基，置于缓冲溶液中 28 天，失重率在 12.4%～40.1%。随着异氰酸酯用量的增加，交联密度增大，体外降解的量减少(图 8.10)。

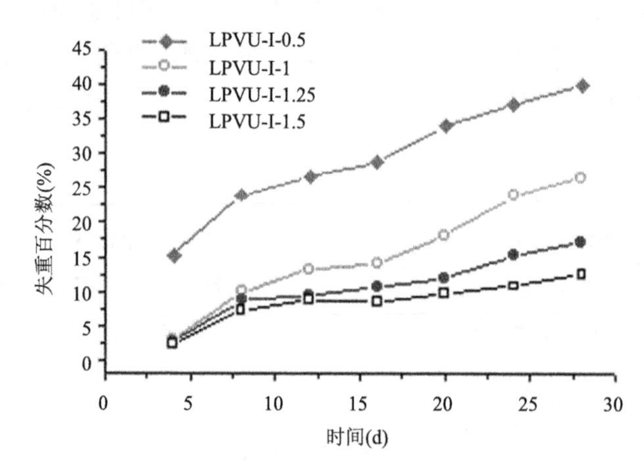

图 8.10　LPVU 的降解行为(0.1 mol/L pH 7.4 PBS，37℃)

8.2.2　单序列乳酸基不饱和聚合物

ELG 或 LPEG 和马来酸酐发生酯化反应，得到的产物 UDO 或 LEM 含有碳-碳双键，是一端基均为羧基的不饱和齐聚酯。可进一步反应生成相应的聚合物。

1. 单序列乳酸基聚酯酰胺 UPEAN

UDO 和 TDI 的反应过程如同上述，所得高分子链含有孤立双键，较为柔顺，生成的线型乳酸基聚酯酰胺为黏稠膏状固体，交联的乳酸基聚酯酰胺 UPEAN 出现了两个玻璃化转变温度(图 8.11)，具有热致形状记忆效应[80]。

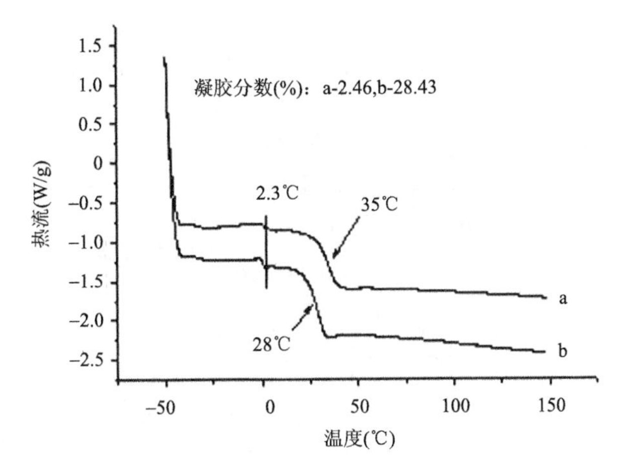

图 8.11　UPEAN 的 DSC 谱图(凝胶分数：a，2.46%，b，28.43%)

2. 聚乙烯醇-单序列乳酸酯基凝胶 VLEH

(1) 设计

要解决的问题：能否得到含有羧基和碳-碳双键的乳酸基大单体，再制备相应的水凝胶。

思路：LPEG 与马来酸酐进行酯化反应，得到端基均为羧基的不饱和大单体 LEM。LEM 与可控聚乙烯醇进行酯化反应，控制适当的投料比，制得一系列聚乙烯醇-单序列乳酸酯基凝胶 VLEH。调节起始物的投料比和聚乙烯醇链长，均能明显地改变 VLEH 的溶胀行为[81]。

(2) 制备

由 PEG-4K 和 PEG-6K 如上所述制备 LPEG-4K 和 LPEG-6K。取 10 g LPEG 和 4 g 马来酸酐(MA)，75℃下搅拌 3 h，再在 85℃、18～20 mmHg 下反应 17 h，反应物转入截留分子量为 500 g/mol 的透析袋中透析 2 天，干燥，用乙酸乙酯溶解，乙醚沉淀，重复 3 次，经冷冻干燥得到乳酸酯基二酸 LEM。

按 PVA∶LEM=1、2、4、6 和 8 的质量比，称取共 1 g 的 RAFT 聚合-醇解所得可控 PVA 和 LEM，PVA 溶于水中，加入 LEM，加入三滴浓硫酸，搅拌混匀，于 70℃下反应 4 h，得到的浅黄色凝胶用大量水洗涤，晾干即得凝胶 VLEH。

(3) 性能

凝胶 VLEH 含有亲水性羟基和羧基(图 8.12)，在缓冲溶液 PBS(0.1 mol/L，pH=7.4) 中发生溶胀。PVA 分子量增大，与越多的 LEM 反应，交联度增大，VLEH 凝胶的平衡溶胀比减小(图 8.13)。

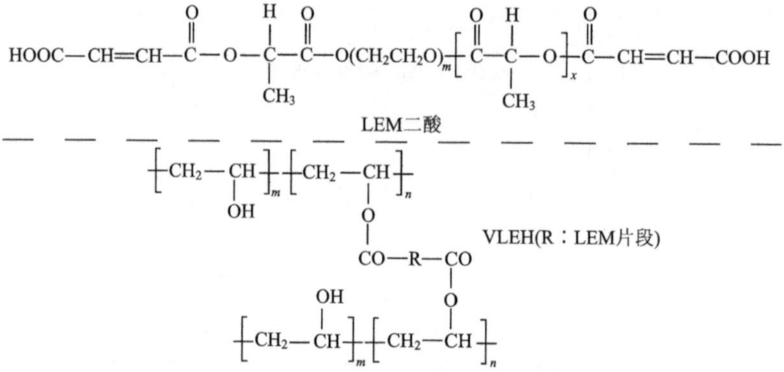

$$HOOC—CH{=}CH—\overset{O}{\overset{\|}{C}}—O—\underset{CH_3}{\underset{|}{\overset{H}{\overset{|}{C}}}}—\overset{O}{\overset{\|}{C}}—O(CH_2CH_2O)_m\left[\overset{O}{\overset{\|}{C}}—\underset{CH_3}{\underset{|}{\overset{H}{\overset{|}{C}}}}—O\right]_x\overset{O}{\overset{\|}{C}}—CH{=}CH—COOH$$

LEM二酸

$$\left[CH_2—\underset{OH}{\underset{|}{CH}}\right]_m\left[CH_2—\underset{|}{CH}\right]_n$$

$$O—CO—R—CO—O$$

VLEH(R：LEM片段)

$$\left[CH_2—\overset{OH}{\overset{|}{CH}}\right]_m\left[CH_2—\overset{|}{CH}\right]_n$$

图 8.12 LEM 和 VLEH 凝胶的结构

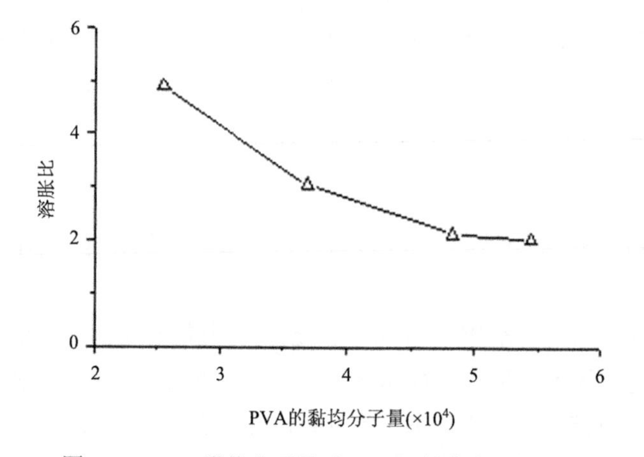

图 8.13 PVA 黏均分子量对 VLEH 凝胶溶胀的影响

凝胶能够吸附铁离子，最大吸附量为 1357.1 mg/g，且随着 PVA：LEM 比例的增加，凝胶吸附铁离子的能力先增大后降低(图 8.14)。凝胶含有一定量的羧基，故可以吸附金属离子或阳离子电解质(如罗丹明 B)。增大投料比 PVA：LEM，凝胶的交联程度提高，但羧基含量减少。因此，PVA：LEM 比例与吸附容量之间具有如图 8.14 所示的关系。

3. 含羧基短序列乳酸酯基凝胶

(1) 设计

要解决的问题：能否得到含有较多羧基的乳酸基交联聚合物。

思路：一般地，乳酸基聚合物大都是以乳酸酯键重复连接或者与其他结构单元重复连接而成，乳酸的羧基不复存在，无论分子链中的—COCH(CH_3)O—序列长短如何，乳酸基聚合物大都呈疏水性，且为电中性。考虑到含有乳酸酯基的 LEM 还含有碳-碳双键，它和丙烯酸 AA 单体或者丙烯酸 AA/衣康酸 IA 单体对进行自由基交联反应，可制得含有羧基的乳酸酯基凝胶(图 8.15)，将呈现亲水性以及 pH-响应性溶胀[82]。

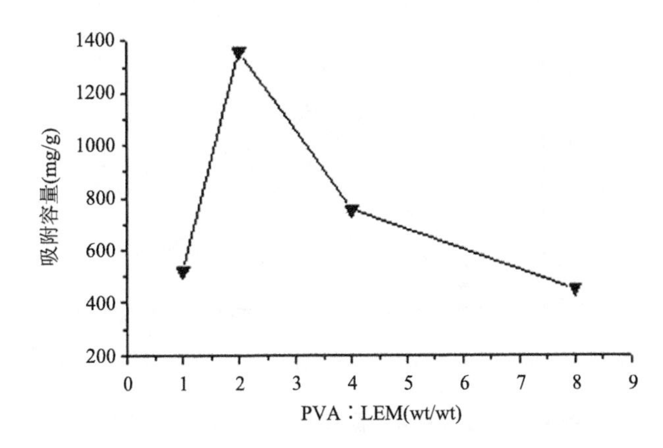

图 8.14　投料比对 VLEH 凝胶吸附铁离子的影响

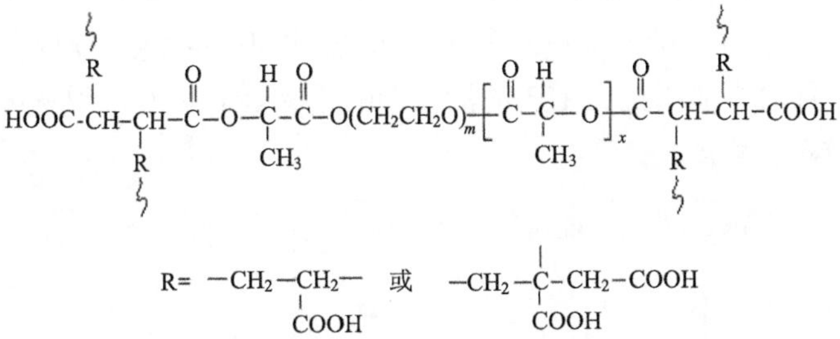

HOOC-CH(R)-CH(R)-C(=O)-O-CH(CH_3)-C(=O)-O(CH_2CH_2O)$_m$[C(=O)-CH(CH_3)-O]$_x$C(=O)-CH(R)-CH(R)-COOH

R= $-CH_2-CH(COOH)-$ 或 $-CH_2-C(COOH)(-)-CH_2-COOH$

图 8.15　含羧基乳酸酯基凝胶的结构

(2) 制备

按 0.1∶1、0.2∶1、0.4∶1 和 0.5∶1 的质量比，称取适量 LEM 和单体(单体对 AA 和 IA 的比例取 IA:AA=0、0.2、0.5、1 和 2)，溶于 2 mL 的蒸馏水，加入 0.02 g KPS，于 60℃反应 4 h，固体产物用蒸馏水洗涤多次，充分除去未反应的单体，即得凝胶 LEMAH。

(3) 性能

凝胶 LEMAH 含有大量的羧基，碱性介质中羧酸基团电离，羧酸根基团之间的静电相斥作用，使凝胶的溶胀比增大；而在酸性溶液中，羧基主要以—COOH 形式存在，凝胶的溶胀比明显减小，凝胶的溶胀呈现 pH-响应性(图 8.16)。单体

IA 含双羧基，增加 IA 用量，溶胀比增大。由 PEG6000 所得 LEM 含有较少的羧基，相应凝胶的溶胀比低于 PEG4000 所得。

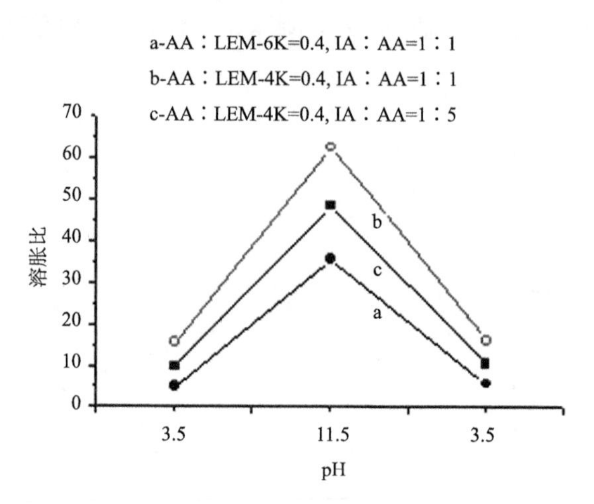

图 8.16 含羧基乳酸酯基凝胶的酸敏溶胀行为

凝胶 LEMAH 能吸附重金属离子和稀土金属离子，对铅、铜离子以及钸离子的最大吸附容量分别为 63.0 mg/g、1053.0 mg/g 和 30.7 mg/g。凝胶 LEMAH 也能吸附蛋白质，且对牛血清蛋白 HB 的活性影响不大(图 8.17)，说明凝胶可作为酸敏药物的控制释放载体。

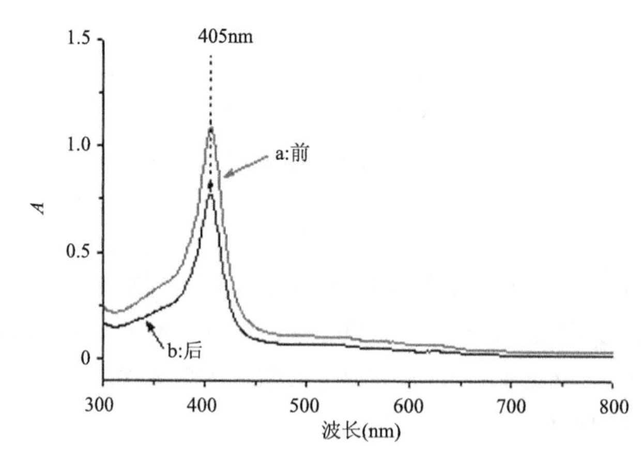

图 8.17 含羧基乳酸酯基凝胶吸附牛血清蛋白前(a)、后(b)的紫外分光光度谱图

凝胶 LEMAH 当然也具有降解性，置于 37℃、PBS(0.1 mol/L，pH 7.4)中两周，失重约 37%。

常见的乳酸基聚合物，大都是以乳酸酯键重复连接的均聚物或者与其他结构单元重复连接而成的共聚物。以上所述各种乳酸基聚合物，分子链中的乳酸酯—COCH(CH_3)O—序列则以单个或较短序列的形式与其他结构单元相连接，从而得到了一系列乳酸基可再生高分子。

乳酸来源于淀粉或纤维素，也不妨将乳酸基可再生高分子看成天然多糖基可再生高分子的一类。无论如何，它是大有潜力的一个方向。

第9章　二氧化碳基可再生高分子的构建

9.1　二氧化碳基共聚物

二氧化碳无毒、价格低廉，是一种可再生的碳资源，用它来研制聚合物得到了持续的关注。如图9.1所示，碳、氧原子均处于最高价态，二氧化碳难于发生化学反应。

图9.1　二氧化碳的结构

从20世纪中叶起，人们就对利用便宜且对环境友好的二氧化碳作为原料合成高分子材料充满期待[83]。不过，至今报道的二氧化碳基聚合物，其实都是含二氧化碳单元的共聚物[84]，都可视为二氧化碳单元以单个序列的形式与其他结构单元相键接而形成。现有二氧化碳基聚合物的研制途径，可分为如下四类。

9.1.1　与环氧化合物交替共聚

由于二氧化碳的化学活性低，最早实现的思路是，选用带有高度张力的环氧化合物与它共聚。又由于环氧化合物和二氧化碳的反应，除了生成共聚物外，还会得到环状碳酸酯(图9.2)。因此，许多研究者致力于高选择性催化剂的研究，以减少副产物的生成。

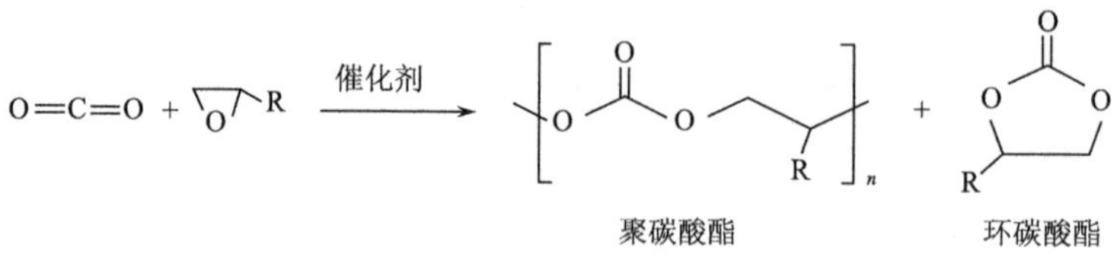

O=C=O + 环氧化合物(R) —催化剂→ 聚碳酸酯 + 环碳酸酯

图9.2　常见的二氧化碳共聚反应

1969年Inoue等利用锌化合物催化二氧化碳和环氧化合物共聚，成功得到相应聚合物，这一策略一直得到不断而又深入的探讨。Mülhaupt和Qin等分别综述了在不同活性的催化剂存在下，二氧化碳和环氧丙烷发生交替共聚，得到高分子量的聚甲基乙撑碳酸酯(或聚碳酸亚丙酯，PPC)；或者生成端羟基的聚碳酸酯酯二醇，以代替常见的聚酯二醇，用于聚氨酯的制备[85, 86]。Pellecchia 等制备了五种新的锌系催化剂，用于环氧环己烷和二氧化碳的交替共聚合[87]。这类工作还在开展，基本上大同小异。

9.1.2　与二胺缩聚或加聚

选用合适的催化剂，进行二氧化碳与环氧化合物的共聚反应，制得端基为羟基或环状碳酸酯的齐聚物，从而在无需异氰酸酯的情况下制备出聚氨酯(NIPU)。Langanke 等由六氰合钴酸锌和多元醇催化二氧化碳和环氧丙烷共聚，制备了聚醚碳酸酯二醇，并用于制备柔性二氧化碳基聚氨酯泡沫[88]。Sheng 等利用铁系催化剂将乙二醇二缩水甘油醚完全转化为双环状碳酸酯，而后和脂肪二胺缩聚，提供了无需光气或异氰酸酯即可得到 NIPU 的新途径[89]。Bähr 等由环氧化的豆油或亚麻油与二氧化碳反应，生成二或多环状碳酸酯，而后和二胺缩聚得到 NIPU[90]。植物油环氧化之后，与二氧化碳结合为二或多环状碳酸酯，与二胺加成得到可再生的全生物基聚氨酯[91]。

另一方面，Jiang 等还通过两步法直接由二氧化碳和二胺制得高分子量的聚脲：首先，二氧化碳和 1,6-己二胺发生缩聚反应得到齐聚物，齐聚物再与二氧化碳发生后聚合得到聚脲[92]。Ying 等由二氧化碳和 1,3-双(3-氨基丙基)四甲基二硅氧烷反应得到端基均为氨基的二氧化碳基齐聚脲，另由聚醚二胺和二异氰酸酯得到端基均为异氰酸酯的预聚物，两预聚物再进行加成反应，制得含有硬、软段因而呈现良好力学性能的聚脲[93]。

9.1.3　与环状单体嵌段共聚

Luo 等由含有功能端基或侧基的聚碳酸酯，通过分步开环共聚或利用点击化学，得到二氧化碳基嵌段共聚物[94]。Kember 等由锌化合物催化环氧环己烷(CHO)与二氧化碳交替共聚，制备双羟基聚碳酸酯 PCHC；接着，在另一催化剂存在下，用 PCHC 引发丙交酯开环聚合，分两步合成了二氧化碳基三嵌段共聚物 PLA-*b*-PCHO-*b*-PLA[95]。Darensbourg 组由二氧化碳和环氧丙烷以及痕量水合成端羟基的交替聚碳酸酯 HO—PPC—OH，并由该遥爪聚合物 HO—PPC—OH 引发丙交酯开环聚合，制得嵌段共聚物 PLA-*b*-PPC-*b*-PLA[96]。Hu 等由 CO_2 和 Ar 气调控 PO 与丙交酯的开环聚合，得到 PPC 或 PPC-*b*-PLA[97]。Han 等利用适当的催化体系，进行环氧环己烷和甲基内亚四氢苯酐以及环氧环己烷和二氧化碳的连续开环共聚，得到无规二氧化碳基聚碳酸酯和立规可控聚酯的嵌段共聚物，获得了一种具有特定结构的聚酯-嵌-聚碳酸酯[98]。

9.1.4 借助不饱和碳-碳键的反应

二氧化碳的稳定性高，将它转化为其他化合物，往往需要像环氧化合物这样高活性的试剂。此外，烯烃和炔烃也是有助二氧化碳转化的合适试剂。Darensbourg组由二醇中间体 HO—PPC—OH 和烯丙基缩水甘油醚以及二氧化碳发生共聚，制得的嵌段共聚物 PAGE-*b*-PPC-*b*-PAGE 含有不饱和侧基，它再与含有巯基的化合物发生硫醇-烯点击化学反应，将两者缀合在一起[96]。Chen 等也利用硫醇-烯点击化学，由含有双乙烯基的 3-亚乙基-6-乙烯基四氢吡喃-2-酮(EVL，Inoue 等于 20 世纪 60 年代由二氧化碳和 1,3-丁二烯合成)与含单或双巯基的化合物发生反应，生成线型或体型聚合物[99]。Chen 等又将 EVL 转化为高活性的三乙烯基单体，再通过选择性 RAFT 聚合得到高支化聚合物[100]。Song 等则在 Ag_2WO_4 和 Cs_2CO_3 存在下，进行二氧化碳、二炔以及二卤代烃的逐步聚合，得到由乙炔基、二氧化碳单元和烷基交替组成的线型共聚物[101]。Fu 等采用一锅法，由二异腈、炔和二氧化碳聚合成螺环聚合物[102]。

上述各种制备二氧化碳基聚合物的方法，都需要高活性的试剂，得到的都是二氧化碳单元与其他结构单元相连接的无规、交替或嵌段共聚物，而分子链中的二氧化碳单元，其序列长度均为 1(图 9.3)。

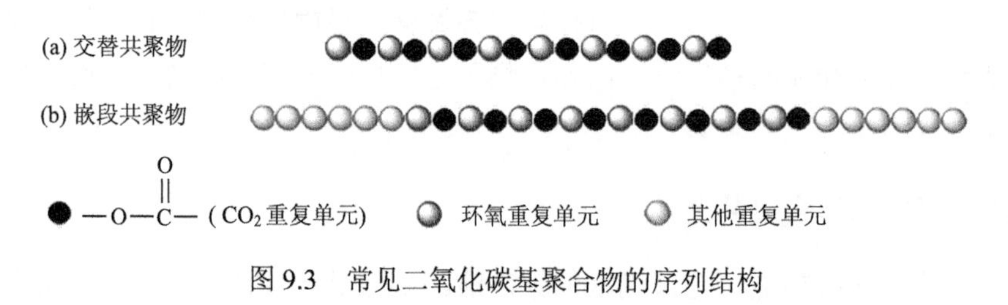

图 9.3 常见二氧化碳基聚合物的序列结构

那么，能否获得含有长二氧化碳单元(或碳酸酯)序列的二氧化碳基聚合物呢？

9.2 含长二氧化碳单元序列的聚合物

二氧化碳量大、价廉、无毒，将它转化为含有长二氧化碳单元序列(即多个 OCO 单元●连续连接：●●●●)的二氧化碳基聚合物以及聚二氧化碳，是获得可再生高分子材料的一个既吸引人又充满挑战的途径。它与现有二氧化碳基高分子的结构完全不同，在分子链上引入了更多的 OCO 单元，将具有独特的性能。2016 年以来，我们一直在进行这方面的尝试。

9.2.1　二氧化碳齐聚物

(1) 设计

要解决的问题：能否在较为温和的条件下，制备二氧化碳的低聚物。

思路：尽管人们研发了各种催化体系，实现了二氧化碳的共聚反应，至今仍没有二氧化碳在适当催化剂存在下进行均聚的报道。根据 Lewars 的计算和分析，二氧化碳是能够直接聚合而生成齐聚物或聚合物的[103]。作者和合作者了解到双官能催化体系以及由多糖高分子和二氮杂二环[5,4,0]十一碳-7-烯(DBU)组成的催化体系，能够有效地促进二氧化碳的化学转化[104-106]。因此，作者和合作者将水溶性壳聚糖(WSC)季铵化得到水溶性壳聚糖季铵盐(QWSC)，由 QWSC 与 DBU 组成一个催化体系，探讨其协同催化二氧化碳发生聚合的可能。

(2) 制备

取 1 g WSC，溶于蒸馏水，配成 1%的水溶液，滴加 20 mL 的 2,3-环氧丙基三甲基氯化铵，75℃下反应 48h，反应混合液加入乙醇中，磁力搅拌 4 h，抽滤，得到的固体再用无水乙醇洗涤一次，抽滤，烘干，得到 QWSC。

取 0.5 g QWSC、50 mL 石油醚(90～120℃)、5 mL DBU 和 0.1 mL 蒸馏水，在 75℃下反应 24 h。过滤除去石油醚和大部分 DBU，向黏附有产物的 QWSC 固体加入 5 mL 二氯甲烷，充分搅拌，溶解其中的产物，过滤除去 QWSC。向二氯甲烷溶液加入 10 mL 石油醚(60～90℃)，搅拌 5 min，50℃水浴加热蒸馏除去二氯甲烷。产物从石油醚中沉淀析出，过滤，再重复二氯甲烷溶解-加入石油醚-蒸馏除去二氯甲烷-过滤得沉淀的循环予以提纯，直至向分离出的石油醚通入 CO_2 气体，没有白色沉淀生成为止，同时分离出来的石油醚的蒸馏水萃取液不出现 DBU 的紫外光谱特征峰。无 DBU 残留的产物用 10mL 二氯甲烷溶解，用蒸馏水萃取 3 次，以除去可能存在的水溶性副产物。蒸馏除去二氯甲烷，55℃下真空干燥 12 h，得到棕色黏性固体[图 9.4(a)]。

(3) 结果

FTIR、MALDI-TOF-MS 和 ^{13}C。NMR 测试结果表明，提纯的产物是二氧化碳的齐聚物，含有 17 个二氧化碳单元[图 9.4(b)][107]。尽管得率不高，但毕竟为二氧化碳的均聚提供了一种途径。

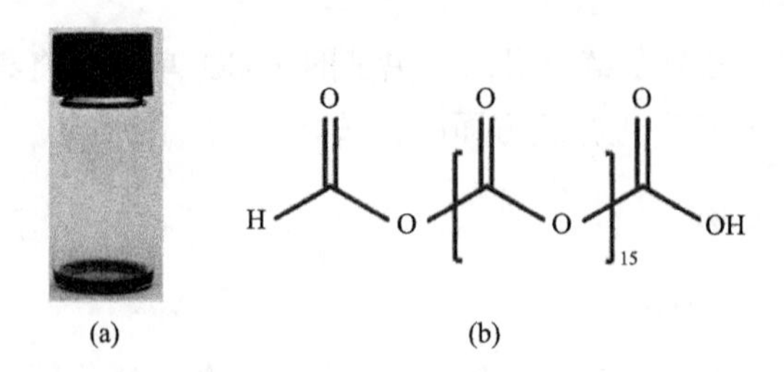

图 9.4　二氧化碳齐聚物的实物照片(a)和结构式(b)

9.2.2　二氧化碳基共聚物

(1)设计

要解决的问题：由温和的条件、简便的方法，制备二氧化碳单元序列长度大于 1 的共聚物。

思路：9.2.1 小节得到的齐聚物，端基可看成羧基，应该可以与含有羟基、分子量不同的聚合物发生酯化反应，从而生成含有长二氧化碳单元序列的接枝共聚物或嵌段共聚物。

(2)合成

二氧化碳通入石油醚、QCS(由市售壳聚糖按如图 9.5 所示反应过程直接制备的季铵盐，代替 QWSC 以简化操作步骤)和 DBU 的混合物中，90℃下反应 48 h，过滤除去固体 QCS，反应液溶于二氯甲烷，加入乙酸乙酯沉淀；粗产物溶于无水乙醇，加入适量 10%盐酸酸化，加入二氯甲烷，蒸馏水洗涤，蒸馏除去二氯甲烷，真空干燥，得到棕黑色蜡状固体(含端羧基的二氧化碳齐聚物 OOCO，结构由红外光谱和核磁碳谱确证)。

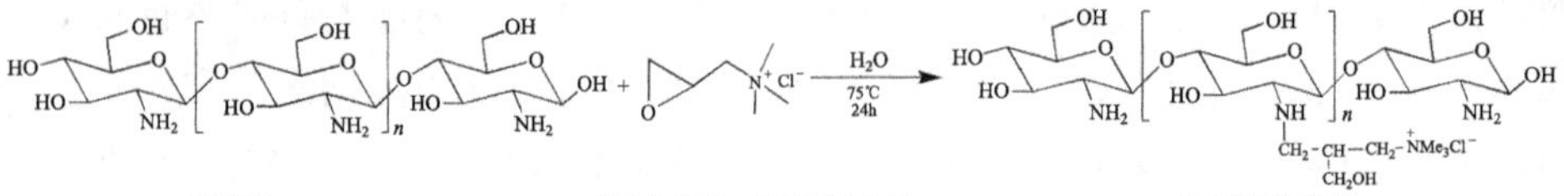

壳聚糖(CS)　　2, 3-环氧丙基三甲基氯化铵(GTAC)　　壳聚糖季铵盐(QCS)

H_2O, 75℃, 24h

图 9.5　壳聚糖季铵盐的制备

OOCO 与由 RAFT 聚合-醇解反应制得的可控 PVA(CTA 用量为 50 mg 和 200 mg 时，所得 PVA-50 和 PVA-200 的数均分子量分别为 2.9×10^5 和 6.4×10^4)溶解于 DMSO 中，在 110℃油浴中反应 10 h，以无水乙醇为沉淀剂，得到主链链长可控、侧链为长二氧化碳单元序列的亲水性刷型接枝共聚物(PVA-g-OOCO)(图 9.6)，实现了从二氧化碳为起始物制备二氧化碳基接枝共聚物的目标。

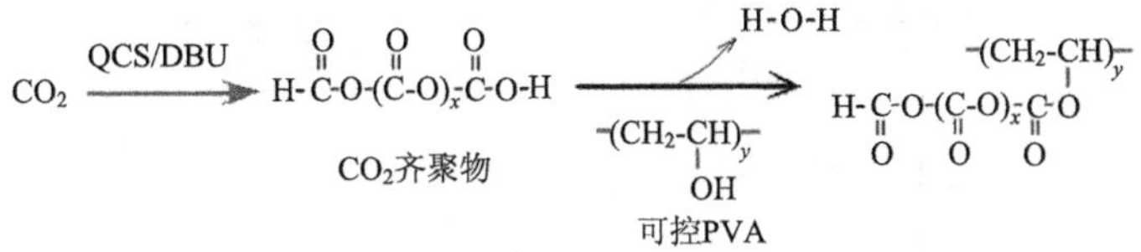

$$CO_2 \xrightarrow{\text{QCS/DBU}} \underset{CO_2\text{齐聚物}}{H\text{-}\overset{O}{\overset{\|}{C}}\text{-}O\text{-}(\overset{O}{\overset{\|}{C}}\text{-}O)_x\text{-}\overset{O}{\overset{\|}{C}}\text{-}O\text{-}H} \xrightarrow[\underset{\text{可控PVA}}{\text{-(CH}_2\text{-CH(OH))}_y\text{-}}]{\nearrow H\text{-}O\text{-}H} H\text{-}\underset{O}{\underset{\|}{C}}\text{-}O\text{-}(\underset{O}{\underset{\|}{C}}\text{-}O)_x\text{-}\underset{O}{\underset{\|}{C}}\text{-}O\text{-(CH}_2\text{-CH)}_y\text{-}$$

图 9.6　长二氧化碳序列接枝聚合物的合成

(3) 结果

通过 OOCO 的端羧基与 PVA 侧基(羟基)之间的官能团反应，两者通过酯键连接，成为含长二氧化碳(OCO)单元序列的刷型接枝共聚物[108]。在这之前报道的二氧化碳基共聚物，分子链中所含二氧化碳结构单元都只有单一序列，实际上是二氧化碳的交替共聚物。通过 PVA 链长的调节，可改变侧基所含羟基的量，从而调控所得共聚物中 OOCO 序列的含量。元素分析结果表明，产物的含氧百分数高于 PVA(较之 PVA-50 和 PVA-200，分别增多 2.62%和 2.70%)，说明产物含有 OOCO 组分，而且 OOCO 单元的百分含量随 PVA 链长的改变而不同(PVA-50 和 PVA-200 所得产物的 OOCO 含量，分别为 10.11%和 12.67%)；^{13}C NMR 分析结果表明，产物中存在 OOCO 和 PVA 两部分[图 9.7(A)]；^{1}H NMR 分析结果，说明产物与 PVA 既有所相似，又存在一定的区别[图 9.7(B)]，也说明产物为 PVA 的衍生物；产物的 DSC 曲线上，显示其玻璃化转变温度低于 PVA 的 T_g(图 9.8)；GPC 分析表明，产物的分子量明显大于起始物 OOCO 和 PVA(图 9.9)；OOCO 和 PVA 两组分均为水溶性高分子，共聚物的水接触角小于对应的 PVA(图 9.10)，也具有水溶性。上述分析均证实产物为预期的接枝共聚物 PVA-*g*-OOCO。

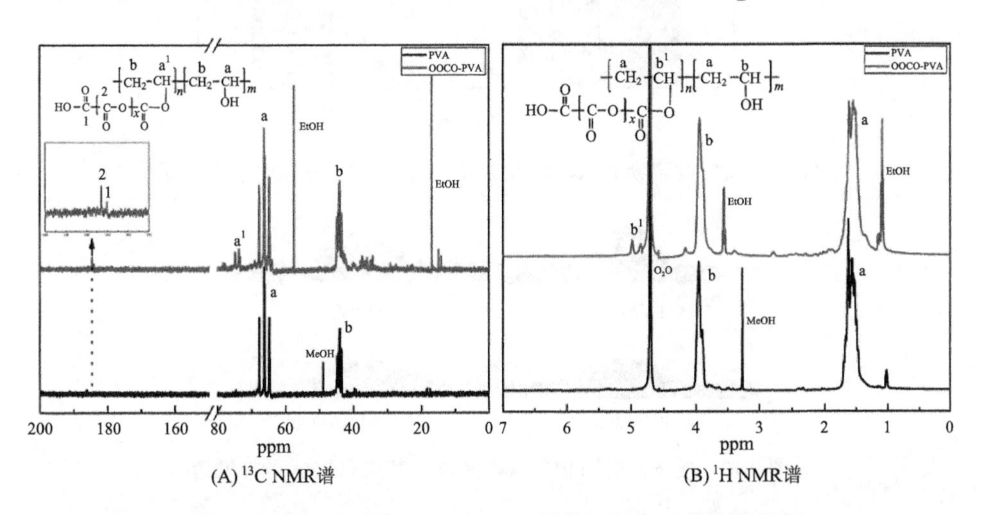

图 9.7　接枝共聚物 PVA-*g*-OOCO 及其相应 PVA 的核磁谱图

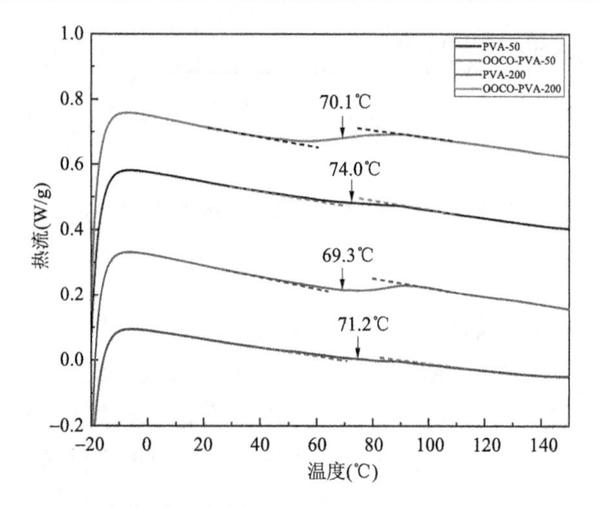

图 9.8　接枝共聚物 PVA-*g*-OOCO 及其相应 PVA 的 DSC 曲线

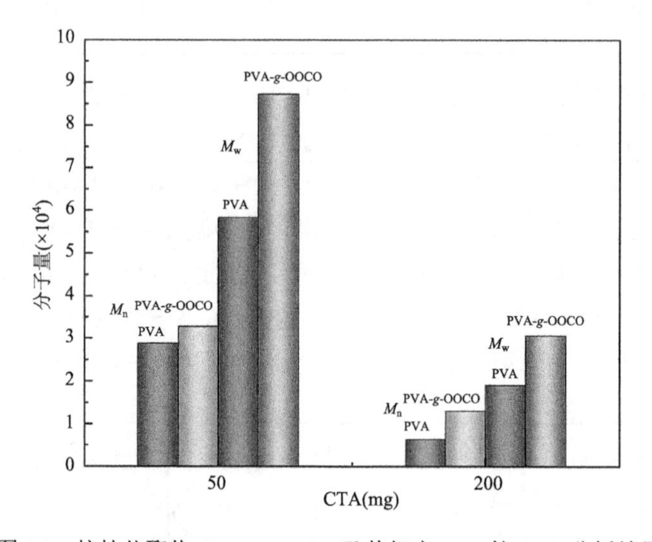

图 9.9　接枝共聚物 PVA-*g*-OOCO 及其相应 PVA 的 GPC 分析结果

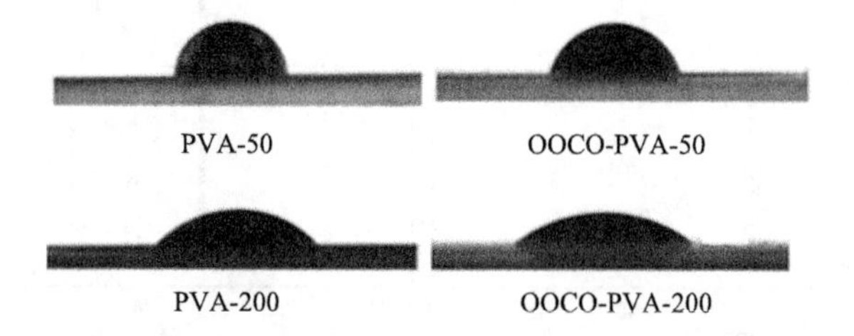

图 9.10　接枝共聚物 PVA-*g*-OOCO 及其相应 PVA 的接触角

(4) 应用

OOCO 在适当波长激发下，在 433nm 附近出现一个接近单分散的荧光吸收峰，其与 PVA 的产物在 451nm 附近出现一个较宽的荧光吸收峰(图 9.11)。由此可以判定，PVA-*g*-OOCO 可望作为光功能材料。共聚物 PVA-*g*-OOCO 具有水溶性，可以水为溶剂配成溶液，经流延、挥发，加工成一定尺寸的薄膜或其他形态的功能材料。

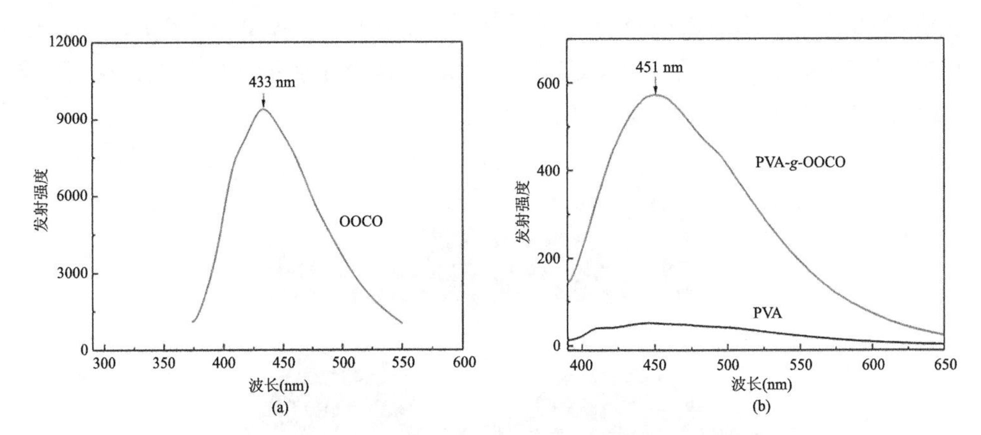

图 9.11　OOCO (a)、PVA 及其接枝共聚物 PVA-*g*-OOCO (b) 的荧光光谱

类似地，若以分子量不等的 PEG 代替 PVA，则可得到链长可控的嵌段共聚物 PEG-*g*-OOCO。

9.2.3　聚(4-齐聚二氧化碳-苯乙烯)

(1) 设计

要解决的问题：制备含长二氧化碳结构单元序列的乙烯基单体，由自由基聚合反应，制备两亲性刷型二氧化碳基聚合物。

思路：齐聚物 OOCO 与对羟基苯乙烯发生酯化反应，得到含有长二氧化碳单元序列的不饱和单体，进行自由基聚合反应，得到相应聚合物。

(2) 合成

OOCO 与略微过量的对羟基苯乙烯溶解于 DMSO 中，90℃油浴中反应 6 h，由乙酸乙酯萃取、蒸馏水洗涤，得到含有 C═C 和 OCO 单元的单体 OOCO-VP。OOCO-VP 溶于 DMSO 中，添加适量 AIBN，置于 70℃水浴中 10 h，冷却至室温后，蒸馏水沉淀，得到二氧化碳齐聚物含量高的链长可控聚合物 P(OOCO-VP)[109]。

(3)结果

FTIR、^{1}H NMR 分析表明产物含有苯环，说明产物为 P(OOCO-VP)。在 9.1.4 小节介绍的含二氧化碳单元聚烯烃，每个结构单元只含有一个二氧化碳单元，而 P(OOCO-VP)的结构单元含有多个连续连接的二氧化碳单元。若进行 OOCO-VP 的 RAFT 聚合，也可得到结构类似、分子量及其分布可控的聚合物。与上述 PVA-*g*-OOCO 相比，P(OOCO-VP)含有疏水的主链和亲水的 OOCO 侧链，其水接触角(70.0°)介于 OOCO(7.00°)与对羟基苯乙烯的均聚物 PVP(90.0°)之间(图 9.12)。浓度为 5mg/mL 的 P(OOCO-VP)/DMSO 溶液在水介质发生自组装，形成平均粒径为 75.85 nm 的球形粒子(图 9.13)。

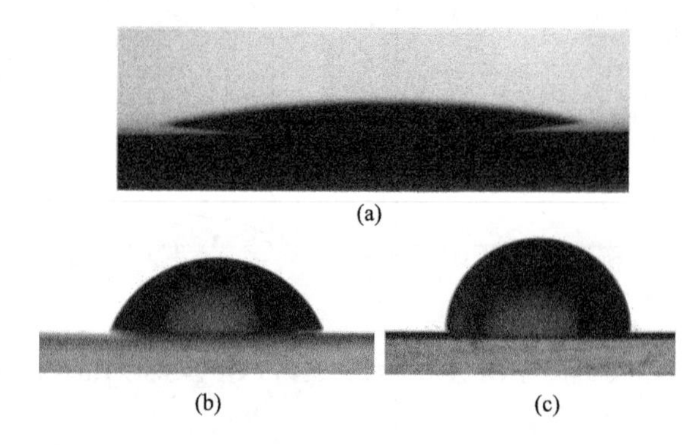

图 9.12　OOCO(a)、共聚物 P(OOCO-VP)(b)和 PVP(c)的水接触角

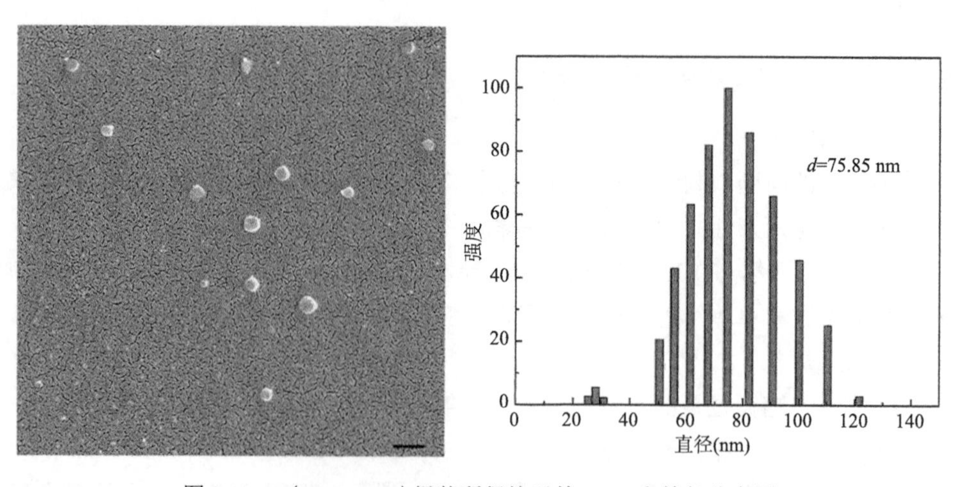

图 9.13　P(OOCO-VP)组装所得粒子的 SEM 和粒径分布图

9.2.4　二氧化碳基凝胶

(1) 设计

要解决的问题：探讨含长二氧化碳结构单元序列凝胶的形成途径、性质及可能应用。

思路：其一，由冻-融法形成 PVA-*g*-OOCO 的水凝胶。其二，PVA-*g*-OOCO 与高浓度 QCS 发生物理交联，形成动态可逆的凝胶。其三，由齐聚物 OOCO 与 PVAM (PVA 基大单体) 制得大单体，再与丙烯酸 (AA) 发生自由基交联反应，形成化学交联的凝胶。

(2) 制备

其一，PVA-*g*-OOCO 配成浓度为 8%的水溶液，经 3 轮–16℃置放 6 h、常温下置放 4 h 的反复冻-融，形成 PVA-*g*-OOCO 物理水凝胶。

其二，常温下，借助氢键作用、链间缠绕，适当浓度的 PVA-*g*-OOCO 与 QCS 混合溶液形成凝胶。

其三，参照 9.2.2 小节的条件，OOCO (也可以添加适量 QCS) 与 PVAM 发生酯化反应，得到 OOCO-PVAM，水作溶剂，在过硫酸钾引发下，与适量 AA 进行自由基交联反应，得到不溶于水的 OOCO-PVAM-AA 凝胶。

(3) 结果

在冻-融过程中，PVA 形成微晶，起物理交联作用，使 PVA-*g*-OOCO 水溶液转化为相应的水凝胶。PVA-*g*-OOCO 干凝胶在不同 pH 的缓冲溶液中溶胀比有明显的差别，pH 2.0 和 pH 10.0 的溶胀比差为 1.39，而同样条件所得 PVA 凝胶的溶胀比保持在 2.40±0.23 左右 (图 9.14)，说明 PVA-*g*-OOCO 凝胶含有一定量的羧基，具有酸敏特性。这与上述 OOCO 的结构以及 PVA-*g*-OOCO 的形成过程基本一致。

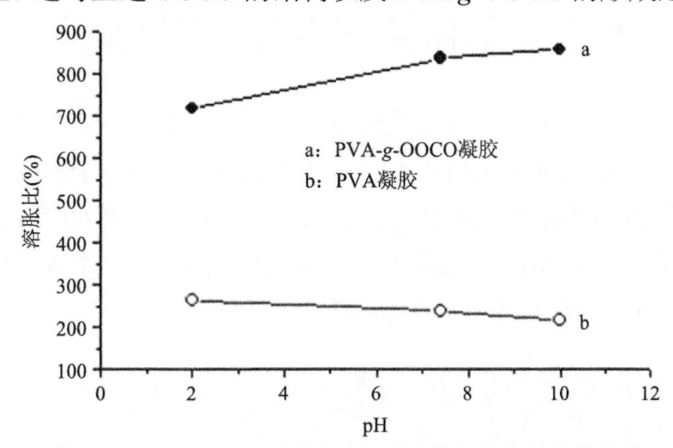

图 9.14　PVA-*g*-OOCO (a) 和 PVA (b) 物理凝胶的溶胀行为

PVA-*g*-OOCO 分子链上的羟基与 QCS 的氨基生成链间氢键，QCS 分子链上的氨基生成链间、链内氢键，从而形成物理互穿网络，得到动态可逆的 PVA-*g*-OOCO/QCS 水凝胶。由于含有羧基和氨基，PVA-*g*-OOCO/QCS 凝胶可能具有酸敏溶胀性；因为氢键的可逆特性，该凝胶又可能具备自愈特性。

OOCO-PVAM-AA 凝胶含有羧基，应具有酸敏溶胀性；所含二氧化碳单元可能使 OOCO-PVAM-AA 凝胶具有可降解性。

9.2.5 准聚二氧化碳

(1) 设计

要解决的问题：在较为温和的条件下，制备分子链基本上由二氧化碳单元构成的聚合物。

思路：齐聚物 OOCO 的两端是羧基，化学计量的 OOCO 与丁二醇发生酯化反应，得到分子量足够大的产物。

(2) 合成

如图 9.4(a)所示的 OOCO 与丁二醇按 1.0∶1.0 的物质的量比投料，DMSO 为溶剂、抽真空、100℃下反应 12 h，甲醇沉淀出产物，得到准聚二氧化碳。

(3) 结果

双官能团的 OOCO 和丁二醇发生缩聚反应，得到含有长二氧化碳单元序列的聚合物$[—(OCO)_x—OCO(CH_2)_4O—]_n$。

本节介绍的内容均为作者首次提出，有的已经实现，有的未能付诸实施，留待来者。由上述可知，因为在做的是未见报道的工作，作者和合作者坚持不懈、一再探索、不断改进，希望后继者也能秉持这种态度，以得到期待的结果。

9.3 二氧化碳-多糖高分子的循环

目前，淀粉、乳酸以及二氧化碳构成一个不完全的循环(图 9.15)，所谓循环不完全，是因为二氧化碳直接转化为淀粉或其他类多糖高分子的报道尚不多见。不过，二氧化碳在较为温和的条件下，经人工光合作用转化为淀粉等多糖高分子或类多糖化合物，令人期待，确实是一个值得致力的方向。作者权称之为“淀粉链”，可能是“种”出可再生高分子的一种途径。

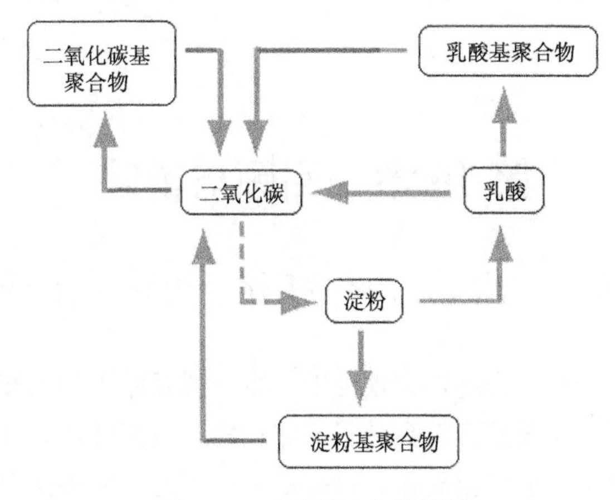

图 9.15　“淀粉链”的循环

第 10 章　回顾与前瞻

10.1　研发可再生高分子思路的形成

每一天，太阳从东方升起，大地上的一草一树开始不为人知的工作，将二氧化碳和水转变为氧气和天然多糖高分子。它们经历枝繁叶茂、叶落草枯、来年再发，不断往复，给了人们日出而作、日落而息的可能。应该是对这些自然现象的体悟吧，诸子百家、唐诗宋词满是对生机盎然的珍惜、对生生不息的领悟。对自然现象和先贤的体悟，作者仿佛也有所感触。

20 世纪和 21 世纪之交，有幸在求是校园度过三年，开始涉猎可降解高分子，不时留意到老和山上茂密树林下厚厚落叶的枯烂，数度感觉到西湖柳树发出新芽的喜悦。应该是有感于这一段经历吧，作者从此对春夏秋冬格外关注。

2001 年开始，在一间四季都能看到绿色植物的实验室，以乳酸、淀粉和聚乙烯醇为基本组分，着手组建一个体系，希冀“种”出高分子。之后，又选取了纤维素、海藻酸钠和壳聚糖作为构件，继续体系的构筑。这些多糖高分子的重要性等同视之，具体选用何者，依据其结构和性能特点而定。考虑到二氧化碳与多糖高分子密不可分，也将它视为此体系不可或缺的一个构件(图 10.1)。如此这般勾连、编织，不料竟是二十年虚度。

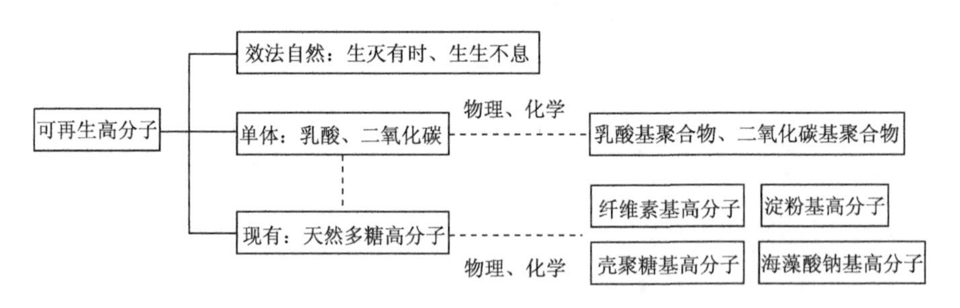

图 10.1　二十年的按图索骥

可再生高分子的含义、起点和途径，渐渐明了于心并付诸探索，借助于常见的官能团反应、静电作用、氢键、反复冻-融、刺激响应等，得到淀粉基、纤维素基、壳聚糖基、海藻酸钠基和乳酸基线型聚合物或凝胶，进行了二氧化碳聚合的探索，过程和结果前面各章已有所述，这里再简略说明当时的考虑。

1. 选取基本单元

天然多糖高分子是大自然给人类的宝贵资源，人们大都利用其价廉、亲水、力学性能或抗菌等既有特性，以开发各种制品。乳酸的均聚或共聚，衍生出乳酸酯单元相连的各种均聚物和聚合物，常用于生物医用领域的探讨。二氧化碳惰性十足，人们设法催化、不惜耗能、佐以高活性试剂，得到各种小分子化合物和各种含单二氧化碳序列的聚合物。实际上，它们还有另外的可能：天然多糖高分子可再生、可降解的特点为合成高分子所不及，其分子链上“预留”有功能基团，可赋予其新生的可能。乳酸也具有可反应的活性基团，提供了改变其与其他单元组合方式的可能。羰基有极性，二氧化碳可不可以视为羰基化合物、能不能使其碳-氧键极化而活化？从而得到不同于现有键接方式的二氧化碳基聚合物？

2. 选取构建策略

简便为要，不论新旧。自由基反应、酯化反应、聚电解质复合以及形成氢键等常见的物理或化学途径，也许不那么新鲜亮丽，难入潮人青眼。但是，它们简单、易行、实施条件较为温和，实堪大用。

3. 制订有新意的可行方案

查阅文献，跟踪相关研究，对照思路，确定要研制的聚合物尚未见报道，有所创新。例如，乳酸同时含有羟基和羧基，自身可以发生缩聚，但所得聚合物的分子量不高。因此，人们往往是将乳酸转化为其二聚体丙交酯，再进行开环聚合，得到均聚物或共聚物，其分子链大都含有长序列的乳酸酯[—COCH(CH_3)O—]，因而具有较高的疏水性。如果由乙二醇或者聚乙二醇与乳酸先发生酯化反应，得到含有单个乳酸酯的二醇中间体 HO—(CH_2CH_2O)$_x$—COCH(CH_3)—OH(x=1 或 n)，再由它转化为二酸，两者即可在减压下发生缩聚；也可由二醇或二酸中间体与异氰酸酯加聚，得到含有单序列乳酸酯单元的各种聚合物。显然，这些聚合物的分子链与其他研究者报道的不同。又如，聚乙烯醇具有良好的力学性能、可以通过简便的冻-融过程发生物理交联，且可以由乙酸乙烯酯发生 RAFT 聚合再经醇解而调控其分子量，通过改变分子量而改变聚合物的性能。因此，聚乙烯醇可以用来作为凝胶“生成剂”或力学性能改善(调节)剂，通过物理共混或者化学键接，引入多糖或乳酸基聚合物中。

也许，图 10.2 有助于了解上述思路。

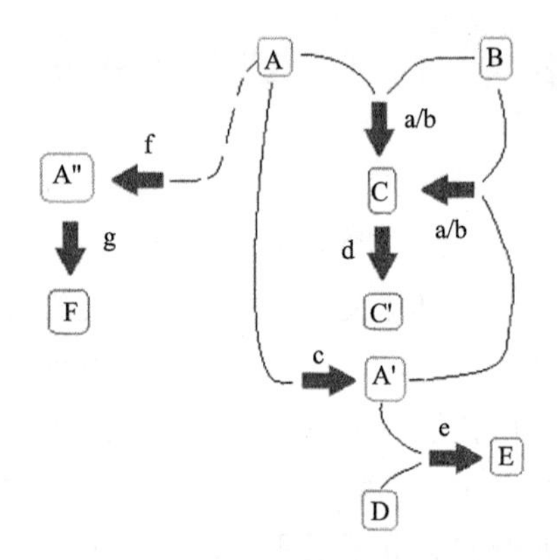

图 10.2 由天然多糖开发可再生高分子的路线图[a：物理共混，b：接枝共聚-醇解，a/b：a 或 b，c：功能化，d：反复冻-融，e：静电作用，f：降解，g：聚合；A：天然多糖高分子，A′：多糖高分子衍生物，A″：乳酸或二氧化碳，B：(可控)PVA，C：共混物或共聚物，C′：凝胶(粒子)，D：反离子，E：复合物或多层，F：相应聚合物]

4. 认真分析、反复求证

以求是的态度对待实验结果，研判思路、方案，并进行必要的修正。对反复实验得到的数据，进行细致、深入的讨论与总结，得出有参考价值的结论以及可以延续、拓展的可能，为后续探索做好准备。

时不我待，之前有一些想法尚未得以尝试，示例如下。

① 喷雾干燥法是一种物理过程，用此法可获得单链聚合物，其凝聚态结构和性质都明显不同于常规方法得到的同一种聚合物。那么，能否利用喷雾干燥法得到单链纤维素，以克服常规纤维素分子链间强的相互作用，而获得不一样的溶解性等性质呢？单链聚集的天然多糖高分子又各有怎样的性质？

② 纤维素、壳聚糖和海藻酸钠等多糖高分子和甲基丙烯酸缩水甘油酯发生开环反应[110]，生成分子链两端均含有碳-碳不饱和键的多糖高分子基大单体(图 10.3)；或者由分子链上相邻两个碳原子上的羟基与高碘酸盐发生氧化反应[111]，得到部分开环的二醛(图 10.4)；两者都可用作多糖基高分子交联剂，与多糖高分子基、乳酸基或二氧化碳基衍生物发生化学交联反应，生成相应的凝胶或互穿网络；多糖高分子基二醛则可生成相应的 Schiff 碱，它既有一定的稳定性又是可逆的，也就是呈现动态功能的多糖高分子。

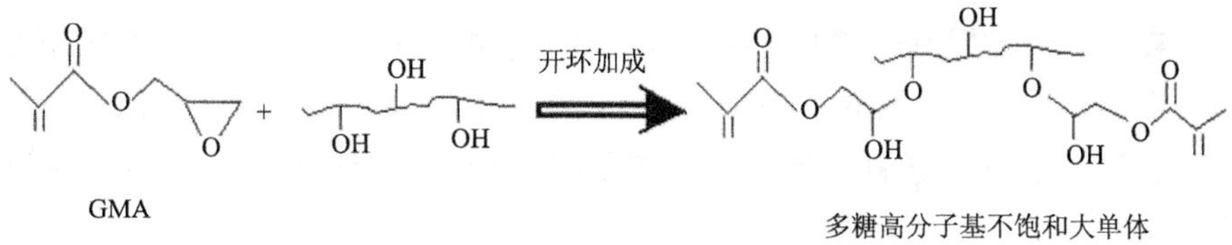

图 10.3　含不饱和碳-碳键双端基多糖高分子的合成过程

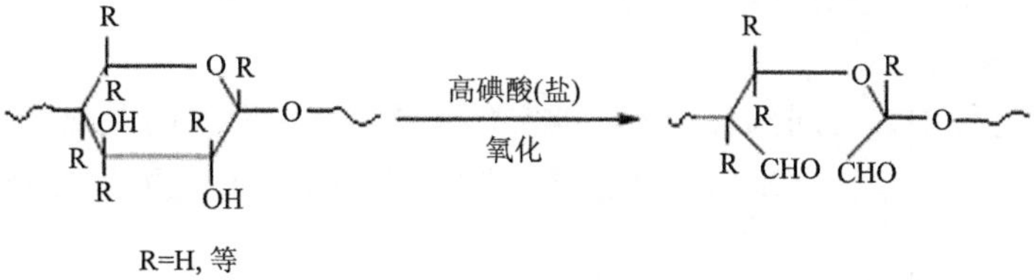

图 10.4　多糖高分子的氧化

③ 带环戊二烯的线型高分子在室温下发生 Diels-Alder 反应而交联，而在 170℃下双环戊二烯受热解聚，这样的热可逆共价交联是否可以用于构建动态聚合物呢？此外，含有羟基的乳酸衍生物或者天然多糖高分子(如淀粉或壳聚糖)及其衍生物，在吡啶催化下可与对甲苯磺酰氯在室温下生成相应的对甲苯磺酸酯，在室温下继续与环戊二烯钠发生亲核取代，得到含有环戊二烯活性基团的聚合物(构件之一)，它可以与含有碳-碳双键的低分子量化合物或高分子(另一构件)通过 Diels-Alder 环加成反应而缀合在一起(图 10.5)。改变两个构件的组成(如 R1—CH═CH—R2 可以是前述的乳酸酯基不饱和单体 LEM，也可以是淀粉基不饱和大单体 SM)，即可构建出多种动态可逆聚合物。

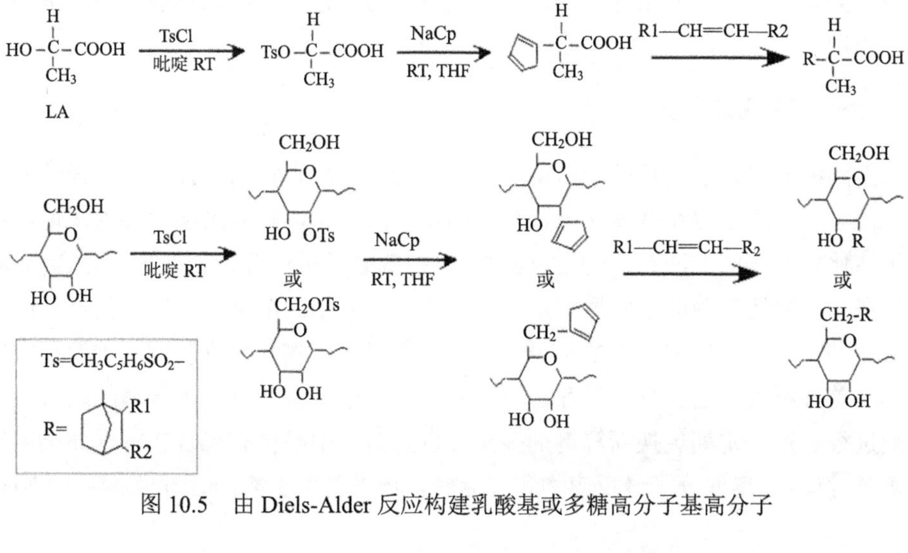

图 10.5　由 Diels-Alder 反应构建乳酸基或多糖高分子基高分子

事实上，大自然有些物质或材料就是多糖等组分的动态产物。天然多糖高分子的可逆功能化，是一种仿生策略。环戊二烯活性基团的引入及其环加成，简单易行，且可在温和的条件下实施，可能是得到动态功能多糖高分子的一种有效措施。

10.2 研发过程中的问题与对策

在研究过程中，会遇到各种各样的实际问题，与所研究的课题、研究者的知识背景等有关。这里，列举研制高分子大都会遇到的若干问题及其因应措施。

1. 如何确定课题？

不同研究者有其课题来源，能否立项并得以实施，因素很多，这里仅简略地给出一点个人看法，不予过多的讨论。根据研究者之前的研究积累与体会或者实际需要而提出的课题，较有意义或趣味，且利于实施。面对某一所谓热门课题，不盲目跟风，坚持做既适合自己而又旨在解决问题的研究。另外，不为得到资助而做“为奇而奇”乃至“不知所求是何”的“研究”[112]。

2. 如何确定反应方法和条件？

选择合适的反应方法和条件，是实施高分子研制的第一步。可以采取的有：①根据研究者的知识和经验；②查阅多篇相关文献，不追新，但求可靠、有效；③仔细分析、比对，拟定详细步骤、试验，分析结果尤其是负面结果，寻究造成所谓“失败”的操作或条件，修订操作方案、再次试验，如此这般，不断进展，达到预期目标。

3. 如何提纯聚合物？

得到纯的聚合物，是验证所得产物是否为目标聚合物的前提。未加提纯的样品，做再多的表征也没有意义，甚至得到错误的结论，陷入困境或导入歧途。常用于纯化聚合物的方法有：①当反应物(包括低分子量化合物和高分子化合物)和产物在同一种溶剂中的溶解度差别较大时，选择适当的溶剂，溶解产物，再用另一种溶剂将之沉淀出来，重复不少于 3 次。②当反应物和产物在同一种溶剂中的溶解度差别不大、而其分子量存在较大差异时，选用截留分子量合适的透析袋和溶剂进行透析，定期更换新鲜溶剂多次，直到溶剂中不再有聚合物。③如果用反复溶解-沉淀分离低分子量反应物和目标聚合物需要大量溶剂时，可以将固体粗产物置于索氏提取器中，用合适的溶剂(能溶解低分子量反应物，不溶解聚合物)提取一定时间(直到溶剂中不再有低分子量反应物)，加以纯化。

4. 如何确证得到的产物是目标聚合物?

答案似乎很简单：无非是利用多种方法表征产物。进行测试分析是必需的，关键在于选用的方法是否合适。比如利用 SEM/EDS 分析样品中是否含有某一元素，如果观测区域选取不当，将得出不当结论。又如壳聚糖与丁二酸酐发生酯化反应之后，以为其结构单元中氨基转变为 NH—CO—CH_2CH_2COOH，分子量将增加，故采用 GPC 进行分析，将得出错误结论(诸如分子量基本不变或变化不大，反应未如期发生)；因为 GPC 测定的是相对分子量，极有可能测不出部分侧基的改变。因此，要选用恰当的多种方法，进行定性、定量的测试、分析之后，再做出判断，可参见前面的相应章节。

10.3　研发可再生高分子的相关术语辨析

在研究可再生高分子的过程中，可能遇到若干词义相近或者可能容易混淆的术语，下面简要地说明其含义。

10.3.1　基本概念

可持续的(sustainable)关注现在和将来的联系，可再生(renewable)强调资源或物质的源源不竭，可循环(recyclable)着眼于现有物质的回收与循环利用，对环境友好(eco-friendly)说明对环境的无害。

生物高分子(biopolymer)通常指源于生物质(biomass resources)的高分子，包括蛋白质、多糖、聚乳酸和聚羟基烷基酸酯(PHA)。天然高分子(natural polymer)通常相对于合成高分子(synthetic polymer)而言，指存在于自然界的蛋白质、多糖和橡胶等。

生物塑料(bioplastics)指生物基的(bio-based)、可生物降解(biodegradable)或者兼具两者的高分子，常与 biopolymer 混用。可生物降解高分子可以是生物基高分子，也可以是石油基高分子；生物基高分子可以是可生物降解的高分子，也可以是不降解的高分子；聚乳酸是可降解的生物基高分子，也可以得自石油基化合物。PE、PET 和聚酰胺则是不降解的生物基高分子或石油基高分子[113]。

10.3.2　制备

聚合(polymerization)，包括常规聚合(regular polymerization)和活性或可控(living/controlled polymerization)，得到共价键连接而成的高分子，常规聚合往往得到多分散体系，而活性聚合(如 RAFT 聚合)得到的结构较为单一(well-defined)。超分子自组装(self-assembly)通过氢键等相互作用形成动态可逆的高分子。动态可逆的高分子还可以由动态共价键(dynamic covalent，如由 Diels-Alder 环加成反应生成的共价键)相连而成。由共价键组成的高分子可能受热分解(如聚甲基丙烯酸甲酯的热解)或在外力作用下降解(如生胶的塑炼)或者水解(如聚乳酸在酶催化下降解为二氧化碳)，由相互作用和动态共价键构成的高分子则具有本征可逆性(intrinsic reversibility)。

进行聚合或超分子组装的起始物，可以是低分子化合物，也可以是大分子化合物。此外，低分子化合物或者大分子化合物之间，还可以通过 Sharpless KB 提出的点击化学[click chemistry，包括铜催化的叠氮-炔环加成(copper-catalyzed azide-alkyne cycloaddition)、硫醇-烯加成(thiol-ene addition)、硫醇-炔加成(thiol-yne addition)和 Diels-Alder 环加成(Diels-Alder cycloaddition)][114]，实现不同模块的高效、专一拼接，得到新的高分子。

10.3.3　性能/功能

根据分子链之间是否存在强的相互作用或者共价键，聚合物可以分为线型(linear)高分子和交联(cross-linked)高分子。根据分子链之间排列的有序程度，聚合物可能是非晶(amorphous)或结晶(semeicrystalline)高分子。分子链之间发生官能团反应将导致化学交联(chemical cross-linking)，分子链之间也可能通过各种非共价键的作用(如氢键、晶区、链间缠结等)实现物理交联(physical cross-linking)，其中，物理交联具有可逆、动态特性。

交联高分子可以是单一网络、双网络(double network)，也可以是两种或两种以上聚合物通过网络互相贯穿缠结而成的互穿网络 IPN(单体共聚或大分子后交联形成，还可以是线型分子链贯穿于某一聚合物交联网络而形成的 semi-IPN)。线型高分子形成的共混物存在微相分离(microphase separation)，相畴尺寸取决于组分之间的相容性，而 IPN 可以最大程度地消除不同聚合物之间的热力学不相容性(thermodynamic incompatibility)。线型高分子可以反复热成型，具有良好的热塑性(thermoplasticity)；交联高分子没有热塑性，而可能具有良好的弹性(elasticity)。非晶高分子的溶解性优于结晶高分子，交联高分子只能溶胀。

如果交联高分子具有亲水性，可以在水中溶胀但不溶解，成为水凝胶(hydrogel)；水凝胶能够保持一定的形状，是一种半固体；水可能以结合水、束缚水和自由水等形式存在于高分子网络中，利于水溶性物质的交换；水凝胶和生理组织在微结构和性质等方面很相似[115]，常被用作药物控制释放(drug controlled release，药物以适当的浓度、在预定的部位或按预设的时间送达，从而最大程度地减小毒副作用、充分发挥药效)载体或者组织工程(tissue engineering，应用工程学、生命科学的原理及方法，构建一个生物装置，以维护、增进人体细胞和组织的生长，培养再生组织与器官，以恢复或重建受损组织或器官的功能)的三维支架材料。如果交联高分子含有可电离基团(如羧基或氨基)、可异构化的生色团(如偶氮基团)或者磁性组分(如四氧化三铁)等成分，则可表现出酸敏、电响应性、光敏或磁响应等环境刺激响应(stimuli-responsive)行为，相应水凝胶适合于医用(如人工肌肉)等领域。如果水溶性聚合物具有温敏响应性，则可发生溶液-凝胶转变(sol-gel transition)，相应水溶液能够作为可注射(injectable)水凝胶使用。

具有环境刺激响应行为的线型高分子或交联高分子，又称为智能高分子(intelligent polymer)。聚合物的智能行为还有自愈(self-healing)和形状记忆(shape memory)，前者无需人为干预，借助动态、可逆的相互作用或者键接，自我修复外力所造成的损害；后者构造(configuration)固定而特殊(含有物理或化学交联点、具有两个 T_g)，构象(conformation)因应环境条件(外力和温度)的改变，复原起始的微观结构和宏观形状。

带有相反电荷的线型聚电解质之间，通过离子之间的静电相互作用，形成聚电解质复合物(polyelectrolyte complex)；调节因素可以是组分的化学结构(包括分子量、柔顺性、官能团结构、电荷密度、亲疏水平衡、立规度和相容性)，也可以是形成条件(pH、离子强度、浓度、混合比和温度)。如果交联高分子带有电荷(本身含有可电离基团，或者吸附了荷电物质)，则可以作为基质，用于带有两个或两个相反电荷聚电解质之间(或聚电解质与低分子量电解质之间)的层-层自组装(LbL assembly)，形成纳米级的聚合物薄膜，可用于表面改性或赋予特殊功能。

10.4 前景与挑战

化石燃料、能源资源的大量消耗，使得人们不断重视天然资源；天然高分子遍布全球，是替代不降解的合成高分子的良好原料，也是可持续应用、减少对环境负面影响的理想选项[116]。近二十年来，可持续聚合物领域正以前所未有的速度在增长，其原料来源和聚合物的水解(不是生物降解)行为备受关注，在主链中引入缩醛之类的功能基团和使用生物基原料被视为合成绿色聚合物的良策[117]。存在于植物体内的萜烯、碳水化合物和植物油以及二氧化碳被视为4种理想的原料，用于制备具有各种性能的可持续聚合物[118]。纤维素、海藻酸钠、明胶和壳聚糖等天然高分子广泛地应用于食品包装和医用领域[119]。可见，可再生高分子的研发与应用是大有潜力的领域，选取天然多糖高分子、乳酸以及二氧化碳作为其主要起始物具有可观的前景。同时，也要注意到它们本身固有的局限，以正确的途径获得正确的功能，并用到正确的场合。所谓正确，不在一时的得失，而能够经得起一段足够长时间的反复推敲。

一个自身存在局限的例子是，天然多糖高分子有一个共性，即不同来源或批次的同一种天然多糖高分子结构和性能也有所不同。例如，玉米淀粉和马铃薯淀粉中直链淀粉和支链淀粉的比例不同。又如不同产地的壳聚糖，其脱乙酰度和相对分子量有一定差异。这是研发天然多糖基高分子时，需要加以注意的。

研发的挑战除了课题本身外，研究者本身也是常常被忽略的对象。进行研发时可能出现这样的情况：研究者有意无意地忽略了负面的效应且不计成本，而只强调突出期待的功能。比如乙烯基单体容易发生自由基聚合，得到的碳链聚合物往往难以降解，若采用乙烯基单体改性壳聚糖，又没有除去均聚物的后处理，却又未加说明，这种情况可能不多，当然是不该出现的。另一方面，研究者能够客观地报道其得到的成果，即期待中的正面结果，但可能不提及可能的不足，认为这是失败的实验，予以丢弃。实际上，报喜不报忧，可能会得到一时之利，更可能失去了继续深入的突破点。研发的挑战，有时还来自有失公允的评审专家，有的专家对待评审的申报课题或投稿未必熟悉，却又未能细致地研读内容、查阅相关文献，仅仅在大略翻看之后就轻下(甚至妄下)结论。对此，作者的建议是：坚持做经过实验验证的正确的事，用事实说话。还可能有一种研发挑战，研究者经过认真细致的实验和分析，就某一阶段结果发表论文，但其中可能存在不影响主要思想的瑕疵，可能得到善意的更正或深入研究的建议，也可能遭受较为负面甚至不堪的非议。前者有利于研究的深入，而后者会不同程度地影响研究者的工作，包括信心受挫、课题申报无果。对此，作者的建议是：坚持自己经过反复客观评价(包括文献分析、思路检查、实验求证)的研究方向，继续实验，反复总结，得到理想的结果。当然，一旦思路被验证是错误的，就加以修正或者另辟蹊径。

二氧化碳均聚物的获得、二氧化碳和水光合成为高分子(即“种”出高分子)若能在温和而又简便的条件下实现，则可降低石油基高分子的负面影响，甚至可能取而代之。当然，二氧化碳的聚合及其应用探索，仍需要做耐心而细致的探讨，需要有不为一时阻滞而放弃的信心。即便已经得到了一些结果，具体应用和进一步调控仍大有可为。

10.5　重复与循环

大自然有许多奇妙之处，其中，自我修复、生生不息尤其重要，值得人们效仿。

其实，生生不息包含了消亡、转化或再生，如此构成动态的循环。

如同高分子是结构单元的重复，自然界的演变也可视为材料的生-灭循环。足够多结构单元的重复，才称得上高分子；无阻的良性生-灭循环，自然界将不受污染、生机盎然。

重复不该也不会造成单调，高分子如此，大自然也如斯。它们有一个共性，那就是多样化，异彩纷呈。

作为材料，需呈现某种性能或者若干种特性，要是它还具有降解性，在完成使命之后，降解为无害物质，这种材料不失为一种好的材料。如果经由某种途径，该材料可以再生或按需修饰，这种材料当然更加理想。

天然多糖高分子可降解为二氧化碳和其他可溶解于水的化合物，淀粉和纤维素可由二氧化碳和水发生光合作用而再生，壳聚糖和海藻酸钠可取自生长于江湖河海中的动植物，乳酸来自淀粉或纤维素，它们还可经过改性、互相组合成为某种功能材料，它们都可转化为二氧化碳。二氧化碳再经光合作用或者适当条件下的聚合，成为某种高分子。有了阳光和水，这个循环能够周而复始地运转。

效法自然，选择天然多糖高分子，选择乳酸、二氧化碳作为循环的起点。自然、材料特性、人类需求之间得以协调与良性循环，也许还可以给出某些有益的启迪，这便是作者的初衷与期许。

提出问题、寻找答案，再提出相关问题、继续寻找答案，如此循环，即使有风雨之阻，坚持跋涉，将有所进步。这是作者多年教学和科研形成的惯性和体会，也是本书再次呈现给读者的线索，更是作者能留给有心人的至要。

倘若这里叙述的内容能带来更多的拓展，作者的理念得以不断循环，生机因此而延续，是为大欢喜！

参 考 文 献

[1] Meisel I, Mühaupt R. The 60th anniversary of the first polymer journal（“Die Makromolekulare Chemie”）: Moving to new horizons. Macromolecular Chemistry & Physics, 2003, 204: 199-206.

[2] 萧聪明. 高分子科学基础. 北京: 科学出版社, 2014.

[3] Mühaupt R. Hermann Staudinger and the origin of macromolecular chemistry. Angewandte Chemie International Edition, 2004, 43: 1054-1063.

[4] Katzhendler I, Hoffman A, Goldberger A, et al. Modeling of drug release from erodible tablets. Journal of Pharmaceutical Science, 1997, 1(86): 110-115.

[5] Tsuji H, Tajima T. Crystallization behavior of stereo diblock poly(lactide)s with relatively short poly(*D*-lactide) segment from partially melted state Macromolecular Materials & Engineering, 2014, 299: 1089-1105.

[6] Chen L, Ci T Y, Li T, et al. Effects of molecular weight distribution of amphiphilic block copolymers on their solubility, micellization, and temperature-induced sol-gel transition in water. Macromolecules, 2014, 47: 5895-5903.

[7] Weck M. Side-chain functionalized supramolecular polymer. Polymer International, 2007, 56: 453-460.

[8] Murray B S, Fulton D A. Dynamic covalent single-chain polymer nanoparticles. Macromolecules, 2011, 44: 7242-7252.

[9] Zhang W B, Yu X F, Wang C L, et al. Molecular nanoparticles are unique elements for macromolecular science: from “nanoatoms” to giant molecules. Macromolecules, 2014, 47: 1221-1239.

[10] Xiao C M. Development of stimuli-responsive polysaccharides-based nanotheranostics. Current Nanoscience, 2016, 12: 33-37.

[11] Li Y, Zhang Y Y, Hu L F, et al. Carboxide dioxide-based copolymers with various architectures. Progress in Polymers Science, 2018, 82: 120-157.

[12] Maeda T, Otsuka H, Takahara A. Dynamic covalent polymers: reorganizable polymers with dynamic covalent bonds. Progress in Polymers Science, 2009, 34: 581-604.

[13] Katzhendler I, Hoffman A, Goldberger A, et al. Modeling of drug release from erodible tablets. Journal of Pharmaceutical Science, 1997, 1(86): 110-115.

[14] 萧聪明, 朱康杰. 可控生物降解释药材料的设计与研究. 高分子材料科学与工程, 2000, 16(6): 175-177.

[15] Chiellini E, Corti A, D’Antone S, et al. Biodegradation of poly(vinyl alcohol) based materials.

Progress in Polymers Science, 2003, 28: 963-1014.

[16] de Jong S J, van Dijk-Wolthuis W N E, Kettenes-van D B J J, et al. Monodisperse enantiomeric lactic acid oligomers: preparation, chracterization, and stereocomplex formation. Macromolecules, 1998, 31: 6397-6402.

[17] Serizawa T, Hamada K, Kitayama T, et al. Stepwise stereocomplex assembling of stereoregular poly (methyl methacrylate) s on a substrate. Journal of the American Chemistry Society, 2000, 122: 1891-1899.

[18] Silva J M, Caridade S G, Reis R L, et al. Polysaccharide-based freestanding multilayered membranes exhibiting reversible switchable properties. Soft Matter, 2016, 12: 1200-1209.

[19] Hassan C M, Peppas N A. Structure and applications of PVA hydrogels produced by conventional crosslinking or by freezing/thawing methods. Advances in Polymer Science, 2000, 153: 37-65.

[20] Basu A, Kunduru K R, Abtew E, et al. Polysaccharide-based conjugates for biomedical applications. Bioconjugate Chemistry, 2015, 26: 1396-1412.

[21] 吕昂, 张俐娜. 纤维素溶剂研究进展. 高分子学报, 2007, 10: 937-944.

[22] 左艳, 刘敏. 纳米纤维素的制备及应用. 纺织科技进展, 2016, 4: 13-16.

[23] Ghanbarzadeh B, Almasi H. Physical properties of edible emulsied films based on carboxymethyl cellulose and oleic acid. International Journal of Biological Macromolecules, 2011, 48 (1): 44-49.

[24] Ibrahim M M, Koschella A, Kadry G, et al. Evaluation of cellulose and carboxymethyl cellulose/poly (vinyl alcohol) membranes. Carbohydrate Polymers, 2013, 95 (1): 414-420.

[25] Wang W B, Wang A Q. Nanocomposite of carboxymethyl cellulose and attapulgite as a novel pH-sensitive superabsorbent: Synthesis, characterization and properties. Carbohydrate Polymers, 2010, 82: 83-91.

[26] Xiao C M, Gao Y K. Preparation and properties of physically cross-linked sodium carboxymethylcellulose/PVA complex hydrogel. Journal of Applied Polymer Science, 2008, 107: 1568-1572.

[27] Xiao C M, Li H Q, Gao Y K. Preparation of fast pH-responsive ferric carboxymethylcellulose/PVA double-network microparticles. Polymer International, 2009, 58: 112-115.

[28] Xiao C M, Geng N N. Tailored preparation of dual phase concomitant methylcellulose/poly (vinyl alcohol) physical hydrogel with tunable thermosensivity. European Polymer Journal, 2009, 45: 1086-1091.

[29] Xiao C M, Xia C P. Amphiphilic conjunct of methyl cellulose and well-defined polyvinyl acetate. International Journal of Biological Macromolecules, 2013, 52: 349-352.

[30] Rose M, Palkovits R. Cellulose-based sustainable polymers: State of the art and future trends. Macromolar Rapid Communication, 2011, 32: 1299-1311.

[31] Xiao C M, Yang M L. Controlled preparation of physical cross-linked starch-g-PVA hydrogel. Carbohydrate Polymer, 2006, 64: 37-40.

[32] Brandrup J, Immergut E. Polymer Handbook (second edition). New York: John Wiley & Sons Inc., 1975
[33] Xiao C M, Lu D R, Xu S J, et al. Tunable synthesis of starch-poly (vinyl acetate) bioconjugate. Starch/Stärke, 2011, 63: 209-216.
[34] Khokhlov A R, Khalatur P G. Microphase separation in diblock copolymers with amphiphilic block: Local chemical structure can dictate global morphology. Chemical Physics Letters, 2008, 461: 58-63.
[35] Xiao C M, Tan J, Xue G N. Synthesis and properties of starch-g-poly (maleic anhydride-co-vinyl acetate), eXPRESS Polymer Letters, 2010, 4 (1): 9-16.
[36] 萧聪明, 叶俊. 顺丁烯二酸酐羧化淀粉的制备. 应用化学, 2005, 22 (6): 643-646.
[37] Xiao C M, Fang F. Ionic self-assembly and characterization of a polysaccharide-based polyelectrolyte complex of maleic starch half-ester acid with chitosan. Journal of Applied Polymer Science, 2009, 112 (4): 2255-2260.
[38] Liu J, Fu Y H, Xiao C M. Formation of multilayer through layer-by-layer assembly of starch-based polyanion with divalent metal ion. Carbohydrate Polymers 2019, 203: 409-414.
[39] Liu J, Xiao C M. Capability of starch derivative containing azo and carboxylic groups to tune photo-behaviors via LbL-assembly. International Journal of Biological Macromolecules, 2019, 131: 608-613.
[40] Xiao C M, Xu S J. Enhancing the formation of starch-based hybrid hydrogel by incorporating carboxyl groups onto starch chains. Journal of Wuhan University of Technology-Materials Science Edition, 2013, 28 (5): 1008-1011.
[41] Huang L, Xiao C M, Chen B X. A novel starch-based adsorbent for removing toxic Hg (II) and Pb (II) ions from aqueous solution. Journal of Hazardous Materials, 2011, 192: 832-836.
[42] Xiao C M, Huang L. Tailor-made starch-based gels bearing highly acidic groups. Starch/Stärke, 2013, 65: 360-365.
[43] Lu D R, Xiao C M, Xu S J, et al. Tailor-made starch-based conjugates containing well-defined poly (vinyl acetate) and its derivative poly (vinyl alcohol). eXPRESS Polymer Letters, 2011, 6: 535-544.
[44] Stenzel M H. RAFT polymerization: an avenue to functional polymeric micelles for drug delivery Chemical Communications, 2008, 3486-3503.
[45] Huang L, Xiao C M. Formation of tunable starch-based network by *in-situ* incorporating mercapto groups and subsequent thiol-ene click reaction. Polymer International, 2013, 62: 427-431.
[46] Stenzel M H, Cummins L, Roberts G E, et al. Xanthate mediated living polymerization of vinyl acetate: A systematic variation in MADIX/RAFT agent structure. Macromolar Chemistry & Physics, 2003, 204: 1160-1168.
[47] Lowe A B. Thiol-ene "click" reactions and recent applications in polymer and materials synthesis. Polymer Chemistry, 2010, 1: 17-36.

[48] Su X Y, Xiao C M, Hu C C. Facile preparation and dual responsive behaviors of starch-based hydrogel containing azo and carboxylic groups. International Journal of Biological Macromolecules, 2018, 115: 1189-1193.

[49] Su X Y, Xiao C M. Formation and characteristics of starch-based dual photo-function composite hydrogel. Polymers for Advanced Technologies, 2019, 30: 1589-1594.

[50] Hu Y Q, Jiang H L, Xu C N, et al. Preparation and characterization of poly(ethylene glycol)-*g*-chitosan with water- and organosolubility. Carbohydrate Polymers, 2005, 61: 472-479.

[51] Xiao C M, Sun F. Fabrication of distilled water-soluble chitosan/alginate functional multilayer composite microspheres. Carbohydrate Polymers, 2013, 98: 1366-1370.

[52] Sankalia M G, Mashru R C, Sankalia J M, et al. Reversed chitosan-alginate polyelectrolyte complex for stability improvement of alpha-amylose: Optimization and physicochemical characterization. European Journal of Pharmaceutics and Biopharmaceutics, 2007, 65: 215-232.

[53] Kim S J, Lee K J, Kim S I. Swelling behavior of polyelectrolyte complex hydrogels composed of chitosan and hyaluronic acid. Journal of Applied Polymer, 2004, 93: 1097-1101.

[54] You R R, Xiao C M, Zhang L, et al. Versatile particles from water-soluble chitosan and sodium alginate for loading toxic or bioactive substance. International Journal of Biological Macromolecules, 2015, 79: 498-503.

[55] Xiao C M, You R R, Fan Y, et al. Tunable functional hydrogels formed from a versatile water-soluble chitosan. International Journal of Biological Macromolecules, 2016, 85: 386-390.

[56] Xiao C M, You R R, Dong Y R, et al. Tunable core-shell particles generated from smart water-soluble chitosan seeds. Carbohydrate Polymers, 2016, 142: 51-55.

[57] Dong Y R, Fu Y H, Lin X, et al. Entrapment of carbon dioxide with chitosan-based core-shell particles containing changeable cores. International Journal of Biological Macromolecules, 2016, 89: 545-549.

[58] Dong Y R, Xiao C M. Formation and cleaning function of physically cross-linked dual strengthened water-soluble chitosan-based core-shell particles. International Journal of Biological Macromolecules, 2017, 102: 130-135.

[59] Fu Y H, Xiao C M. A facile physical approach to make chitosan soluble in acid-free water. International Journal of Biological Macromolecules, 2017, 103: 575-580.

[60] Fu Y H, Xiao C M, Liu J. Facile fabrication of quaternary water soluble chitosan-sodium alginate gel and its affinity characteristic toward multivalent metal ion. Environmental Technology & Innovation, 2019, 13: 340-345.

[61] Liu J, Xiao C M. Fire-retardant multilayer assembled on polyester fabric from water-soluble chitosan, sodium alginate and divalent metal ion. International Journal of Biological Macromolecules, 2018, 119: 1083-1089.

[62] Liu X, Yang W X, Xiao C M. Self-healable, pH-sensitive high-strength water-soluble chitosan/chemically cross-linked polyvinyl alcohol semi-IPN hydrogel. International Journal of Biological Macromolecules, 2019, 138: 667-672.

[63] Liu X, Xiao C M. Fabrication of self-healable fire-retardant water-soluble chitosan/chemically cross-linked polyvinyl alcohol/Cu(II) complex gel. Environmental Technology & Innovation, 2020, 20: 101087.

[64] Xiao C M, Gao F, Gao Y K. Controlled preparation of physically cross-linked chitosan-*g*-poly (vinyl alcohol) hydrogel. Journal of Applied Polymer Science, 2010, 117: 2946-2950.

[65] Stevens M M, Qanadilo H F, Langer R, et al. A rapid-curing alginate gel system: utility in periosteum-derived cartilage tissue engineering. Biomaterials, 2004, 25: 887-894.

[66] Hernández R, Sacristán J, Mijangos C. Sol/gel transition of aqueous alginate solutions induced by Fe^{2+} cations. Mcromolecular Chemistry & Physics, 2010, 211: 1254-1260.

[67] Xiao C M, Zhou L C. Chemical modification on the surface of calcium alginate gel bead. Chinese Journal of Polymer Science, 2004, 2: 271-274.

[68] 萧聪明, 何月英, 吴宏. 海藻酸钙水凝胶小球与丙烯腈的接枝共聚改性. 应用化学, 2004, 21(5): 535-537.

[69] Xiao C M, Zhou M, Lin X D, et al. Chemical modification of calcium alginate gel beads for controlling the release of insect repellent *N*, *N*-diethyl-3-methylbenzamide. Journal of Applied Polymer Science, 2006, 102: 4850-4855.

[70] Xia C P, Xiao C M. Preparation and characterization of dual responsive sodium alginate-*g*-poly (vinyl alcohol) hydrogel. Journal of Applied Polymer Science, 2012, 123: 2244-2249.

[71] Ma P P, Xiao C M, Li L, et al. Facile preparation of ferromagnetic alginate-*g*-poly(vinyl alcohol) microparticles. European Polymer Journal, 2008, 44: 3886-3889.

[72] Chen S, Li Y, Guo C, et al. Temperature-responsive magnetite/PEO-PPO-PEO block copolymer nanoparticles for controlled drug targeting delivery. Langmuir, 2007, 23(25): 12669-12676.

[73] Ma H L, Qi X. , Maitani Y, et al. Preparation and characterization of superparamagnetic iron oxide nanoparticles stabilized by alginate. International Journal of Pharmaceutics, 2007, 333(1): 177-186.

[74] Xiao C M, Ma P P, Geng N N. Multi-responsive methylcellulose/Fe-alginate-*g*-PVA/PVA/Fe_3O_4 microgels for immobilizing enzyme. Polymer for Advanced Technology, 2011, 22: 2649-2652.

[75] Mehta R, Kumar V, Bhunia H, et al. Synthesis of poly(lactic acid): A review. Journal of Macromolecular Science, Part C: Polymer review, 2005, 45: 325-349.

[76] Xiao C M, He Y Y, Jin H M. Synthesis and characterization of a novel degradable aliphatic polyester that contains monomeric lactate sequence. Macromolecular Rapid Communications, 2006, 27: 637-640.

[77] Xiao C M, He Y Y, Luo X. Synthesis, characterization and properties of a linear poly (ester-amide) containing ethylene glycol lactate sequences. Journal of Applied Polymer Science, 2006, 102: 3805-3808.

[78] Xiao C M, He Y Y. Controlled synthesis and properties of degradable 3D porous lactic acid-based poly(ester-amide). Polymer, 2006, 47: 474-479.

[79] He X L, Xiao C M, Xu J. Synthesis and characterization of a novel poly (ester-urethane) containing short lactate sequences and PEG moieties. Journal of Applied Polymer Science, 2013, 128: 3156-3162.

[80] Xiao C M, He Y Y. Tailor-made unsaturated poly (ester-amide) network that contains monomeric lactate sequences. Polymer International, 2007, 56: 816-819.

[81] Xu J, Xiao C M, He X L. Controllable synthesis of a novel polyvinyl alcohol-based hydrogel containing lactate and PEG moieties. Polymer Engineering and Science, 2014, 54: 1366-1371.

[82] Xu J, Xiao C M. A facile route to obtain an acidic hydrogel containing lactate moieties. Reactive and Functional Polymers, 2014, 74: 67-71.

[83] Beckman E J. Making polymer from carbon dioxide. Science, 1999, 283: 946-947.

[84] Li Y, Zhang Y Y, Hu L F, et al. Carboxide dioxide-based copolymers with various architectures. Progress in Polymers Science, 2018, 82: 120-157.

[85] Mülhaupt R. Green polymer chemistry and bio-based plastics: dreams and reality. Macromolecular Chemistry & Physics, 2013, 214: 159-174.

[86] Qin Y S, Sheng X F, Liu S J, et al. Recent advances in carbon dioxide based copolymers. Journal of CO_2 Utilization, 2015, 11: 3-9.

[87] D'Auria I, D'Alterio M C, Talarico G, et al. Alternating copolymerization of CO_2 and cyclohexene oxide by new pyridylamidozinc (II) catalysts. Macromolecules, 2018, 51: 9871-9877.

[88] Langanke J, Wolf A, Hofmann J, et al. Carbon dioxide (CO_2) as sustainable feedstock for polyurethane production. Green Chemistry, 2014, 16: 1865-1870.

[89] Sheng X F, Ren G J, Qin Y S, et al. Quantitative synthesis of bis (cyclic carbonate) s by iron catalyst for non-isocyanate polyurethane synthesis. Green Chemistry, 2015, 17, 373-379.

[90] Bähr M, Mülhaupt R. Linseed and soybean oil-based polyurethanes prepared via the non-isocyanate route and catalytic carbon dioxide conversion. Green Chemistry, 2012, 14: 483-489.

[91] Blattmann H, Fleischer M, Bähr M, et al, Isocyanate- and phosgene-free routes to polyfunctional cyclic carbonates and green polyurethanes by fixation of carbon dioxide. Macromolecular Rapid Communications, 2014, 35: 1238-1254.

[92] Jiang S, Shi R H, Cheng H Y, et al. Synthesis of polyurea from 1, 6-hexanediamine with CO_2 through a two-step polymerization. Green Energy & Environment, 2017, 2: 370-376.

[93] Ying Z, Wu C Y, Zhang C, et al. Synthesis of polyureas with CO_2 as carbonyl building block and their high performances. Journal of CO_2 Utilization, 2017, 19: 209-213.

[94] Luo M, Li Y, Zhang Y Y, et al. Using carbon dioxide and its sulfur analogues as monomers in polymer synthesis. Polymer 2016, 82: 406-431.

[95] Kember M R, Copley J, Buchard A, et al. Triblock copolymers from lactide and telechelic poly (cyclohexene carbonate). Polymer Chemistry, 2012, 3: 1196-1201.

[96] Darensbourg D J. Switchable catalytic processes involving the copolymerization of epoxides and

carbon dioxide for the preparation of block polymers. Inorganic Chemistry Frontiers, 2017, 4: 412-419.

[97] Hu C Y, Duan R L, Yang S C, et al. CO_2 controlled catalysis: switchable homopolymerization and copolymerization. Macromolecules, 2018, 51: 4699-4704.

[98] Han B, Liu B Y, Ding H N, et al. CO_2-tuned sequential synthesis of stereoblock copolymers comprising a stereoregularity-adjustable polyester block and an atactic CO_2-based polycarbonate block. Macromolecules, 2017, 50: 9207-9215.

[99] Chen L F, Ling J, Ni X F, et al. Synthesis and properties of networks based on thiol-ene chemistry using a CO_2-based δ-lactone. Macromolecular Rapid Communications, 2018, 39: 1800395.

[100] Chen L F, Li Y, Yue S C, et al. Chemoselective RAFT polymerization of a trivinyl monomer derived from carbon dioxide and 1, 3-butadiene: From linear to hyperbranched. Macromolecules, 2017, 50: 9598-9606.

[101] Song B, He B Z, Qin A J, et al. Direct polymerization of carbon dioxide, diynes, and alkyl dihalides under mild reaction conditions. Macromolecules, 2018, 51: 42-48.

[102] Fu W Q, Dong L C, Shi J B, et al. Multicomponent spiropolymerization of diisocyanides, alkynes and carbon dioxide for constructing 1, 6-dioxospiro[4, 4]nonane-3, 8-diene as structural units under one-pot catalysts-free conditions. Polymer Chemistry, 2018, 9: 5543-5550.

[103] Lewars E. Polymers and oligomers of carbon dioxide: ab initio and semiempirical calculations. Journal of Molecular Structure: THEOCHEM, 1996, 363 (1): 1-15.

[104] Tsutsumi Y, Yamakawa K, Yoshida M, et al. Bifunctional organocatalyst for activation of carbon dioxide and epoxide to produce cyclic carbonate: betaine as a new catalytic motif. Organic Letters, 2010, 12: 5728-5731.

[105] Sun J, Cheng W G, Yang Z F, et al. Superbase/cellulose: an environmentally benign catalyst for chemical fixation of carbon dioxide into cyclic carbonates. Green Chemistry, 2014, 16: 3071-3078.

[106] Tamboli A H, Chaugule A A, Kim H. Chitosan grafted polymer matrix/$ZnCl_2$/1, 8-diazabicycloundec-7-ene catalytic system for efficient catalytic fixation of CO_2 into valuable fuel additives. Fuel, 2016, 184: 233-241.

[107] Fu Y H, Xiao C M. Synthesis of oligo (carbon dioxide). Journal of CO_2 Utilization, 2018, 27: 42-47.

[108] Yang W X, Xiao C M. A graft copolymer composed of continuously linked carbon dioxide units and poly (vinyl alcohol). Materials Letters, 2020, 277: 128345.

[109] Yang W X, Xiao C M. An unusual amphiphilic brush polymer containing oligo (carbon dioxide) side chains. Materials Today Communications, 2021, 29: 102867.

[110] Reichelt S, Becher J, Weisser J, et al. Biocompatible polysaccharide-based cryogels. Materials Science and Engineering C, 2014, 35: 164-170.

[111] Kristiansen K A, Potthast A, Christensen B E. Periodate oxidation of polysaccharides for modification of chemical and physical properties. Carbohydrate Research, 2010, 345: 1264-1271.

[112] Park K. The beginning of the end of the nanomedicine hype. Journal of Controlled Release, 2019, 305: 221-222.

[113] Niaounakis M. Recycling of biopolymers—The patent perspective. European Polymer Journal, 2019, 114: 464-475.

[114] Xi W X, Scott T F, Kloxin C J, et al. Click Chemistry in Materials Science. Advanced Functional Materials, 2014, 24: 2572-2590.

[115] Chen Y Y, Jiao C, Peng X, et al. Biomimetic anisotropic poly(vinyl alcohol) hydrogels with significantly enhanced mechanical properties by freezing - thawing under drawing. Journal of Material Chemistry B, 2019, 7: 3243-3249.

[116] Müller K, Zollfrank C, Schmid M. Natural polymers from biomass resources as feedstocks for thermoplastic materials. Macromolar Materials Engineering, 2019, 304: 1800760.

[117] Miller S A. Sustainable polymers: opportunities for the next decade. ACS Macro Letters, 2013, 2: 550-554.

[118] Zhu Y Q, Romain C, Williams C K. Sustainable polymers from renewable resources. Nature, 2016, 540: 354-362.

[119] Li Y C E. Sustainable Biomass Materials for Biomedical Applications. ACS Biomaterials Science & Engineering, 2019, 5: 2079-2092.

【注】在参考文献中提及的作者(Xiao C M，萧聪明)的合作者包括：

(1)作者攻博期间的授业恩师：朱康杰教授。

(2)作者指导过的硕士生：He Y Y(何月英)、Gao Y K(高永康)、Fang F(方芳)、Geng N N(耿楠楠)、Ma P P(马培培)、Lu D R(卢德荣)、Xu S J(徐善军)、Xia C P(夏存平)、Huang L(黄丽)、Sun F(孙菲)、He X L(何雪蕾)、Xu J(徐静)、Hu C C(胡陈成)、You R R(尤荣瑞)、Dong Y R(董妍睿)、Fu Y H(符英浩)、Liu J(刘娟)、Su X Y(粟小颖)、Liu X(刘欣)和 Yang W X(杨文喜)。

(3)作者指导过的本科生：Zhou L C(周立春)、Yang M L(杨美玲)、叶俊、Zhou M(周密)、Lin X D(林晓东)、Li R Q(李如琼)、Jin H M(金红梅)、Luo X(罗翔)、Gao F(高峰)、Tan J(谭静)、Xue G N(薛桂楠)、Li H Q(李华群)、Lin L(李琳)、Shi H S(石会硒)、Zhu M Z(朱明子)、Ye Y F(叶永凤)、Zhang L(张丽)、Zhang Z X(张忠心)、Fan Y(范影)、Zhang Y(张月)和 Lin X(林霞)。

作者再次由衷地感谢他和她！

附录　英文缩写及其中英文全称

为便于读者查阅相关文献，列出若干相关的英文缩写及其中英文全称。

AA：acrylic acid，丙烯酸

AGU：anhydroglucose unit，脱水葡萄糖单元

AIBN：*N,N'*-azobisisobutyronitrile，偶氮二异丁腈

AMP：polyacetal，聚缩醛

AP：artificial photosynthesis，人工光合成

APC：aliphatic polycarbonate，脂肪碳酸酯

CA：contact angle，接触角

CHO：cyclohexene oxide，环氧环己烷

CMC：carboxymethyl cellulose，羧甲基纤维素；或 critical micelle concentration，临界胶束浓度

CTA：chain transfer agent，链转移剂

CS：chitosan，壳聚糖

CuAAC：copper-catalyzed azide-alkyne cycloaddition，铜催化叠氮-炔环加成

DCC：dicyclohexylcarbodimide，*N,N'*-二环己基碳酰亚胺

DCM：dichloromethane，二氯甲烷

DCP：dynamic covalent polymer，动态共价聚合物

DLS：dynamic kight scattering，动态光散射

DMAP：4-dimethylaminopyridine，4-二甲胺基吡啶

DMF：*N,N*-dimethylformamide，*N,N*-二甲基甲酰胺

DMSO：dimethyl sulfoxide，二甲基亚砜

DMTA：dynamic mechanical thermal analysis，动态力学热分析

DSC：differential scanning calorimetry，示差扫描量热法分析

EA：element analysis，元素分析

ECH：epichlorohydrin，环氧氯丙烷

ECM：extracellular matrix，细胞外基质

EDC：1-ethyl-3-(3-(dimethylamino) propyl) carbodiimide，碳化二亚胺

EDS：energy-dispersive spectrometry，能谱

EESA：ethyl (ethoxycarbonothioyl) sulfanyl acetate，$C_2H_5OCS_2CH_2COOC_2H_5$
FGM：functional group metathesis，官能团异构化
FT：freezing-thawing，冷冻-解冻 (冻-融)
FTIR：Fourier transform infrared，傅里叶红外
GA：glutaraldehyde，戊二醛
GPC：gel permeation chromatography，凝胶渗透色谱
GMA：glycidyl methacrylate，甲基丙烯酸缩水甘油酯
HA：hyaluronic acid，透明质酸
HB：hemoglobin，牛血红白蛋白
IA：itaconic acid，衣康酸
IPN：interpenetrating polymer network，互穿聚合物网络
ISA：ionic self-assembly，离子自组装
KPS：potassium persulphate，过硫酸钾
LA：lactic acid，乳酸
LbL assembly：Layer-by-layer assembly，层-层自组装
LCA：life cycle assessment，生命周期评价
LCE：liquid crystalline elastomers，液晶弹性体
LCP：living/controlled polymerization，活性/可控聚合
LCST：low critical solution temperature，低临界溶解温度
LEM：lactate-based macromonomer，乳酸酯基大单体
LPSA：laser particle size analyzer，激光粒子尺寸分析仪
MA：maleic anhydride，马来酸酐
MADIX：macromolecular design via the interchange of xanthates，黄原酸盐调控的活性自由基聚合方法
MALDI-TOF-MS：matrix-assisted laser desorption/ionization time of flight mass spectrometry，基质辅助激光解吸飞行时间质谱
MC：methylcellulose，甲基纤维素
MNP：molecular nanoparticle，分子纳米粒子
mPEG：methoxy poly (ethylene glycol)，聚乙二醇单甲醚
NHS：*N*-hydroxysulfosuccinimide，*N*-羟基硫代琥珀酰亚胺
NMR：nuclear magnetic resonances，核磁共振
PBS：phosphate buffer saline，磷酸盐缓冲溶液
PDI：polydispersity index，多分散系数

PEC：polyelectrolyte complex，聚电解质复合物
PEG：poly(ethelene glycol)，聚乙二醇
PEM：polyelectrolute multilayers，聚电解质多层
PGA：polyglycolic acid，聚乙醇酸
PLA：poly(lactide)或 poly(lactic acid)，聚乳酸
PO：propylene oxide，环氧丙烷
POM：polarizing optical microscopy，偏光光学显微镜
PTSC：p-toluenesulfonyl chloride，对甲苯磺酰氯
PVA：poly(vinyl alcohol)，聚乙烯醇
PVAM：PVA-based macromonomer 聚乙烯醇基大单体
RAFT：reversible addition fragmentation chain transfer，可逆加成-断裂转移
ROP：ring-opening polymerization，开环聚合
SA：sodium alginate，海藻酸钠；或 succinic acid，丁二酸
SANS：small angle neutron scattering，小角中子散射
SC：stereocomplex，立规复合(物)
SDBS：sodium dodecyl benzene sulfate，十二烷基苯磺酸钠
SEC：size exclusion chromatography，尺寸排除色谱
SEM：scanning electron microscope，扫描电镜
SM：starch-based macromonomer 淀粉基大单体
SR：swell ratio，溶胀比
TDI：2,4-tolylene diisocyanate，甲苯二异氰酸酯
TEM：transmission electron microscopy，透射电镜
TEMPO：2,2,6,6-Tetramethylpiperidin-1-yl) oxyl，2,2,6,6-四甲基哌啶-氮-氧化物
THF：tetrahydrofuran，四氢呋喃
TGA：thermogravimetric analysis，热分析
UCST：upper critical solution temperature，高临界溶解温度
WAXD：wide-angle X-ray diffraction，广角 X 射线衍射
WSC：water-soluble chitosan，水溶性壳聚糖
XPS：X-ray photoelectron spectroscopy，X 射线光电子谱